Timed
Addition & Subtraction
Drills

This book belongs to :

_____

CONTENT

Addition to 5	day 1 - 10
Addition to 7	day 11 - 20
Addition to 10	day 21 - 40
Subtraction to 10	day 41 - 50
Subtraction 10 to 20	day 51 - 60
Subtraction to 20	day 61 - 80
Addition and Subtraction	day 81 - 101
Answer key	

Addition to 5

DAY 1
ADDITION TO 5

NAME : _____

SCORE /60

1. 3 + 4
2. 1 + 5
3. 2 + 0
4. 4 + 3
5. 5 + 3
6. 5 + 0
7. 2 + 3
8. 0 + 1
9. 0 + 2
10. 3 + 1
11. 5 + 5
12. 2 + 4
13. 0 + 0
14. 3 + 2
15. 2 + 2
16. 2 + 1
17. 3 + 0
18. 1 + 0
19. 1 + 3
20. 0 + 5
21. 3 + 3
22. 4 + 1
23. 4 + 0
24. 5 + 1
25. 0 + 4
26. 4 + 4
27. 1 + 4
28. 4 + 2
29. 5 + 4
30. 3 + 5
31. 1 + 2
32. 4 + 5
33. 5 + 2
34. 0 + 3
35. 2 + 5
36. 1 + 1
37. 5 + 3
38. 2 + 2
39. 0 + 5
40. 4 + 2
41. 5 + 5
42. 0 + 2
43. 4 + 3
44. 3 + 2
45. 1 + 3
46. 3 + 0
47. 4 + 1
48. 1 + 2
49. 5 + 0
50. 5 + 2
51. 0 + 1
52. 1 + 4
53. 5 + 4
54. 3 + 5
55. 0 + 2
56. 3 + 4
57. 4 + 0
58. 5 + 5
59. 1 + 2
60. 4 + 4

DAY 2
ADDITION TO 5

NAME: _____

SCORE /60

1. $2 + 0$
2. $0 + 5$
3. $4 + 4$
4. $3 + 2$
5. $0 + 4$
6. $4 + 3$

7. $1 + 1$
8. $3 + 4$
9. $0 + 3$
10. $1 + 2$
11. $1 + 4$
12. $3 + 1$

13. $5 + 4$
14. $4 + 1$
15. $1 + 0$
16. $2 + 3$
17. $3 + 2$
18. $4 + 2$

19. $4 + 0$
20. $1 + 3$
21. $3 + 5$
22. $2 + 5$
23. $4 + 5$
24. $4 + 1$

25. $5 + 2$
26. $2 + 4$
27. $4 + 3$
28. $0 + 3$
29. $2 + 2$
30. $3 + 0$

31. $5 + 3$
32. $5 + 0$
33. $0 + 4$
34. $0 + 2$
35. $2 + 1$
36. $0 + 0$

37. $5 + 5$
38. $3 + 3$
39. $1 + 5$
40. $1 + 4$
41. $3 + 4$
42. $5 + 1$

43. $0 + 5$
44. $4 + 4$
45. $3 + 3$
46. $3 + 4$
47. $4 + 3$
48. $4 + 5$

49. $2 + 2$
50. $4 + 2$
51. $2 + 3$
52. $4 + 0$
53. $5 + 1$
54. $3 + 5$

55. $2 + 2$
56. $3 + 1$
57. $0 + 2$
58. $4 + 4$
59. $0 + 1$
60. $3 + 2$

DAY 3
ADDITION TO 5

NAME : _____   SCORE /60

1. 2 + 3
2. 4 + 1
3. 4 + 5
4. 5 + 2
5. 1 + 0
6. 3 + 4

7. 2 + 1
8. 5 + 5
9. 0 + 1
10. 3 + 2
11. 0 + 5
12. 2 + 4

13. 1 + 3
14. 2 + 5
15. 3 + 1
16. 0 + 0
17. 5 + 0
18. 3 + 5

19. 3 + 3
20. 2 + 2
21. 0 + 4
22. 3 + 0
23. 2 + 0
24. 4 + 0

25. 5 + 1
26. 1 + 5
27. 4 + 2
28. 1 + 4
29. 1 + 1
30. 1 + 2

31. 4 + 4
32. 0 + 2
33. 5 + 4
34. 4 + 3
35. 0 + 3
36. 5 + 5

37. 0 + 2
38. 2 + 0
39. 4 + 4
40. 1 + 2
41. 3 + 0
42. 3 + 1

43. 3 + 4
44. 2 + 5
45. 0 + 4
46. 1 + 1
47. 5 + 2
48. 2 + 4

49. 3 + 3
50. 4 + 2
51. 0 + 3
52. 1 + 5
53. 5 + 3
54. 4 + 5

55. 4 + 1
56. 0 + 1
57. 5 + 0
58. 3 + 2
59. 0 + 2
60. 3 + 2

DAY 4
ADDITION TO 5

NAME: _____

SCORE /60

1. 2 + 0
2. 5 + 0
3. 3 + 3
4. 2 + 2
5. 2 + 4
6. 4 + 0

7. 4 + 2
8. 5 + 5
9. 1 + 4
10. 3 + 0
11. 0 + 3
12. 1 + 2

13. 3 + 4
14. 5 + 4
15. 3 + 2
16. 1 + 5
17. 4 + 4
18. 0 + 1

19. 4 + 5
20. 5 + 3
21. 0 + 0
22. 0 + 5
23. 3 + 5
24. 1 + 3

25. 2 + 1
26. 4 + 3
27. 0 + 2
28. 2 + 5
29. 1 + 1
30. 4 + 1

31. 5 + 2
32. 0 + 4
33. 5 + 1
34. 3 + 1
35. 1 + 0
36. 3 + 2

37. 5 + 5
38. 1 + 5
39. 1 + 3
40. 0 + 4
41. 4 + 2
42. 3 + 2

43. 3 + 5
44. 5 + 2
45. 4 + 1
46. 0 + 5
47. 5 + 4
48. 4 + 0

49. 2 + 4
50. 1 + 2
51. 5 + 3
52. 5 + 0
53. 4 + 3
54. 4 + 4

55. 2 + 0
56. 3 + 0
57. 4 + 5
58. 3 + 3
59. 2 + 5
60. 1 + 4

DAY 5
ADDITION TO 5

NAME : _____

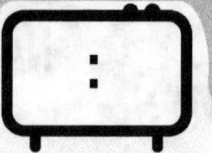

SCORE /60

1. 2 + 1
2. 1 + 5
3. 4 + 0
4. 1 + 3
5. 2 + 4
6. 3 + 0

7. 0 + 5
8. 2 + 3
9. 0 + 0
10. 1 + 4
11. 5 + 0
12. 1 + 1

13. 4 + 1
14. 5 + 4
15. 0 + 2
16. 3 + 2
17. 5 + 3
18. 5 + 2

19. 2 + 5
20. 5 + 1
21. 5 + 5
22. 2 + 0
23. 3 + 3
24. 4 + 5

25. 0 + 4
26. 4 + 4
27. 3 + 4
28. 3 + 5
29. 0 + 3
30. 1 + 0

31. 2 + 2
32. 1 + 2
33. 4 + 3
34. 4 + 2
35. 0 + 1
36. 3 + 1

37. 2 + 3
38. 3 + 2
39. 4 + 5
40. 1 + 2
41. 0 + 5
42. 3 + 0

43. 2 + 4
44. 4 + 1
45. 5 + 5
46. 0 + 3
47. 1 + 0
48. 2 + 0

49. 5 + 4
50. 0 + 2
51. 1 + 3
52. 5 + 1
53. 3 + 5
54. 3 + 4

55. 1 + 5
56. 5 + 2
57. 1 + 4
58. 5 + 3
59. 4 + 3
60. 2 + 2

DAY 6
ADDITION TO 5

NAME: _____

SCORE /60

1. 2 + 1
2. 1 + 5
3. 4 + 0
4. 1 + 3
5. 2 + 4
6. 3 + 0
7. 0 + 5
8. 2 + 3
9. 0 + 0
10. 1 + 4
11. 5 + 0
12. 1 + 1
13. 4 + 1
14. 5 + 4
15. 0 + 2
16. 3 + 2
17. 5 + 3
18. 5 + 2
19. 2 + 5
20. 5 + 1
21. 5 + 5
22. 2 + 0
23. 3 + 3
24. 4 + 5
25. 0 + 4
26. 4 + 4
27. 3 + 4
28. 3 + 5
29. 0 + 3
30. 1 + 0
31. 2 + 2
32. 1 + 2
33. 4 + 3
34. 4 + 2
35. 0 + 1
36. 3 + 1
37. 2 + 3
38. 0 + 5
39. 0 + 2
40. 1 + 0
41. 2 + 1
42. 5 + 3
43. 0 + 4
44. 4 + 0
45. 1 + 3
46. 2 + 4
47. 5 + 4
48. 4 + 1
49. 5 + 5
50. 5 + 0
51. 1 + 4
52. 2 + 5
53. 3 + 4
54. 3 + 5
55. 4 + 2
56. 0 + 1
57. 3 + 1
58. 5 + 1
59. 3 + 0
60. 5 + 2

DAY 7
ADDITION TO 5

NAME: _____

SCORE /60

1. 1 + 0
2. 3 + 5
3. 1 + 3
4. 1 + 4
5. 0 + 2
6. 4 + 5

7. 1 + 5
8. 2 + 2
9. 5 + 4
10. 3 + 1
11. 0 + 5
12. 5 + 1

13. 5 + 2
14. 2 + 0
15. 4 + 3
16. 4 + 2
17. 5 + 5
18. 2 + 5

19. 1 + 1
20. 5 + 3
21. 3 + 4
22. 0 + 4
23. 2 + 4
24. 0 + 1

25. 1 + 2
26. 3 + 3
27. 0 + 3
28. 4 + 4
29. 0 + 0
30. 4 + 0

31. 3 + 2
32. 5 + 0
33. 3 + 0
34. 2 + 3
35. 4 + 1
36. 2 + 1

37. 1 + 5
38. 4 + 3
39. 2 + 4
40. 3 + 2
41. 4 + 5
42. 2 + 0

43. 0 + 4
44. 3 + 4
45. 5 + 2
46. 2 + 1
47. 0 + 2
48. 5 + 1

49. 5 + 3
50. 0 + 3
51. 0 + 5
52. 1 + 4
53. 1 + 3
54. 0 + 5

55. 0 + 3
56. 2 + 5
57. 3 + 1
58. 3 + 5
59. 5 + 4
60. 4 + 2

DAY 8
ADDITION TO 5

NAME: _____

SCORE /60

1. 2 + 5
2. 1 + 1
3. 5 + 0
4. 3 + 3
5. 1 + 2
6. 0 + 5

7. 2 + 3
8. 0 + 4
9. 4 + 3
10. 1 + 3
11. 5 + 5
12. 2 + 1

13. 4 + 5
14. 5 + 1
15. 5 + 2
16. 4 + 0
17. 1 + 4
18. 0 + 0

19. 5 + 3
20. 2 + 4
21. 3 + 0
22. 5 + 4
23. 3 + 5
24. 4 + 1

25. 4 + 2
26. 0 + 3
27. 1 + 5
28. 4 + 4
29. 3 + 2
30. 2 + 2

31. 0 + 1
32. 0 + 2
33. 2 + 0
34. 3 + 4
35. 1 + 0
36. 3 + 1

37. 0 + 4
38. 4 + 0
39. 4 + 1
40. 0 + 2
41. 0 + 1
42. 3 + 5

43. 5 + 2
44. 2 + 3
45. 5 + 4
46. 5 + 1
47. 0 + 5
48. 1 + 2

49. 4 + 5
50. 3 + 0
51. 3 + 2
52. 2 + 4
53. 2 + 1
54. 5 + 0

55. 5 + 3
56. 1 + 5
57. 3 + 4
58. 4 + 3
59. 2 + 5
60. 2 + 0

DAY 9
ADDITION TO 5

NAME: _____ SCORE /60

1. 2 + 3
2. 5 + 5
3. 0 + 0
4. 4 + 5
5. 5 + 0
6. 3 + 4
7. 0 + 5
8. 1 + 2
9. 4 + 3
10. 1 + 4
11. 4 + 0
12. 5 + 3
13. 3 + 5
14. 4 + 1
15. 1 + 0
16. 1 + 3
17. 5 + 1
18. 3 + 2
19. 2 + 0
20. 2 + 2
21. 5 + 4
22. 1 + 1
23. 5 + 2
24. 0 + 1
25. 0 + 4
26. 0 + 2
27. 3 + 1
28. 4 + 4
29. 2 + 5
30. 4 + 2
31. 3 + 0
32. 2 + 1
33. 0 + 3
34. 2 + 4
35. 1 + 5
36. 3 + 3
37. 1 + 2
38. 1 + 3
39. 0 + 1
40. 2 + 1
41. 3 + 0
42. 5 + 2
43. 0 + 5
44. 3 + 4
45. 4 + 1
46. 2 + 5
47. 5 + 3
48. 4 + 5
49. 5 + 1
50. 4 + 0
51. 5 + 5
52. 1 + 4
53. 3 + 2
54. 2 + 4
55. 1 + 5
56. 4 + 3
57. 2 + 3
58. 0 + 3
59. 5 + 4
60. 0 + 1

DAY 10
ADDITION TO 5

NAME: _____

SCORE /60

1. 2 + 0
2. 4 + 5
3. 3 + 2
4. 1 + 5
5. 4 + 4
6. 0 + 5

7. 1 + 2
8. 2 + 5
9. 4 + 3
10. 5 + 3
11. 3 + 2
12. 4 + 3

13. 4 + 0
14. 5 + 1
15. 3 + 4
16. 5 + 5
17. 0 + 1
18. 5 + 4

19. 0 + 3
20. 2 + 2
21. 5 + 0
22. 0 + 2
23. 4 + 1
24. 2 + 5

25. 4 + 2
26. 3 + 0
27. 5 + 2
28. 3 + 1
29. 5 + 1
30. 1 + 0

31. 1 + 3
32. 5 + 2
33. 0 + 0
34. 5 + 4
35. 1 + 2
36. 0 + 2

37. 5 + 3
38. 2 + 4
39. 4 + 2
40. 3 + 5
41. 2 + 1
42. 3 + 3

43. 5 + 5
44. 1 + 1
45. 3 + 2
46. 4 + 0
47. 1 + 4
48. 5 + 2

49. 0 + 2
50. 4 + 5
51. 3 + 0
52. 5 + 3
53. 2 + 3
54. 4 + 4

55. 0 + 4
56. 5 + 3
57. 0 + 2
58. 1 + 5
59. 4 + 1
60. 5 + 5

Additon to 7

DAY 11
ADDITION TO 7

NAME: _____

SCORE /60

1. 4 + 1
2. 0 + 1
3. 3 + 6
4. 0 + 7
5. 3 + 4
6. 4 + 3
7. 6 + 0
8. 4 + 7
9. 2 + 3
10. 7 + 6
11. 1 + 3
12. 2 + 4
13. 1 + 7
14. 4 + 5
15. 6 + 5
16. 4 + 2
17. 3 + 3
18. 5 + 2
19. 4 + 4
20. 3 + 7
21. 7 + 2
22. 7 + 7
23. 2 + 2
24. 1 + 5
25. 1 + 2
26. 2 + 7
27. 0 + 3
28. 3 + 1
29. 7 + 1
30. 6 + 6
31. 5 + 6
32. 1 + 4
33. 5 + 5
34. 3 + 5
35. 6 + 4
36. 1 + 0
37. 2 + 0
38. 5 + 3
39. 7 + 5
40. 1 + 6
41. 5 + 7
42. 0 + 0
43. 5 + 0
44. 0 + 4
45. 1 + 1
46. 0 + 2
47. 4 + 6
48. 7 + 3
49. 5 + 1
50. 6 + 2
51. 2 + 7
52. 5 + 2
53. 5 + 2
54. 5 + 2
55. 5 + 2
56. 5 + 2
57. 5 + 2
58. 5 + 2
59. 5 + 2
60. 5 + 2

DAY 12
ADDITION TO 7

NAME: _____

SCORE /60

1. 4 + 1
2. 0 + 1
3. 3 + 6
4. 0 + 7
5. 3 + 4
6. 6 + 0

7. 2 + 3
8. 7 + 6
9. 1 + 3
10. 2 + 4
11. 1 + 7
12. 4 + 5

13. 5 + 6
14. 4 + 2
15. 3 + 3
16. 5 + 2
17. 4 + 4
18. 2 + 6

19. 7 + 2
20. 7 + 7
21. 2 + 2
22. 1 + 5
23. 1 + 2
24. 2 + 7

25. 0 + 3
26. 3 + 1
27. 7 + 1
28. 6 + 6
29. 5 + 6
30. 1 + 4

31. 5 + 5
32. 3 + 5
33. 4 + 6
34. 0 + 2
35. 2 + 2
36. 5 + 3

37. 7 + 5
38. 1 + 6
39. 1 + 5
40. 3 + 7
41. 5 + 0
42. 1 + 1

43. 5 + 1
44. 7 + 3
45. 0 + 0
46. 5 + 0
47. 2 + 7
48. 5 + 2

49. 5 + 2
50. 5 + 2
51. 5 + 2
52. 5 + 2
53. 5 + 2
54. 5 + 2

55. 5 + 2
56. 3 + 6
57. 5 + 2
58. 7 + 4
59. 0 + 4
60. 5 + 2

DAY 13
ADDITION TO 7

NAME: _____   SCORE /60

1. 1 + 2
2. 3 + 3
3. 4 + 0
4. 0 + 3
5. 1 + 0
6. 2 + 4
7. 4 + 6
8. 6 + 7
9. 2 + 2
10. 1 + 6
11. 1 + 1
12. 2 + 3
13. 6 + 5
14. 7 + 7
15. 0 + 4
16. 1 + 7
17. 2 + 1
18. 0 + 6
19. 5 + 3
20. 6 + 6
21. 2 + 6
22. 5 + 4
23. 0 + 5
24. 3 + 1
25. 4 + 3
26. 6 + 0
27. 7 + 3
28. 1 + 4
29. 3 + 5
30. 4 + 4
31. 4 + 7
32. 3 + 6
33. 7 + 1
34. 4 + 5
35. 5 + 5
36. 3 + 2
37. 5 + 0
38. 7 + 2
39. 1 + 5
40. 2 + 5
41. 3 + 7
42. 7 + 0
43. 4 + 6
44. 0 + 2
45. 3 + 4
46. 5 + 7
47. 0 + 2
48. 1 + 3
49. 7 + 4
50. 5 + 1
51. 0 + 1
52. 5 + 5
53. 5 + 2
54. 5 + 2
55. 5 + 2
56. 5 + 2
57. 3 + 0
58. 5 + 2
59. 5 + 2
60. 5 + 2

DAY 14
ADDITION TO 7

NAME : _____

SCORE /60

1. 0 + 7
2. 3 + 6
3. 2 + 1
4. 4 + 2
5. 5 + 0
6. 3 + 2
7. 5 + 6
8. 2 + 0
9. 4 + 1
10. 7 + 2
11. 6 + 3
12. 1 + 7
13. 2 + 5
14. 5 + 1
15. 0 + 6
16. 4 + 4
17. 7 + 0
18. 4 + 5
19. 2 + 2
20. 6 + 1
21. 7 + 3
22. 3 + 0
23. 2 + 6
24. 4 + 6
25. 1 + 1
26. 5 + 2
27. 6 + 2
28. 5 + 4
29. 2 + 3
30. 0 + 0
31. 0 + 3
32. 6 + 6
33. 6 + 4
34. 1 + 0
35. 5 + 5
36. 3 + 1
37. 3 + 3
38. 1 + 4
39. 4 + 7
40. 5 + 2
41. 0 + 2
42. 6 + 5
43. 6 + 7
44. 4 + 0
45. 3 + 5
46. 7 + 7
47. + 2
48. 5 + 2
49. 5 + 2
50. 5 + 2
51. 5 + 2
52. 5 + 2
53. 5 + 2
54. 5 + 2
55. 5 + 2
56. 5 + 2
57. 5 + 2
58. 5 + 2
59. 5 + 2
60. 5 + 2

DAY 15
ADDITION TO 7

NAME: _____

SCORE /60

1. 5 + 0
2. 5 + 4
3. 3 + 2
4. 7 + 6
5. 0 + 3
6. 0 + 4
7. 2 + 4
8. 7 + 5
9. 5 + 2
10. 3 + 7
11. 5 + 1
12. 2 + 5
13. 1 + 0
14. 4 + 6
15. 3 + 4
16. 6 + 4
17. 2 + 1
18. 3 + 0
19. 3 + 5
20. 6 + 3
21. 0 + 5
22. 2 + 6
23. 7 + 1
24. 0 + 7
25. 4 + 1
26. 1 + 2
27. 5 + 3
28. 1 + 1
29. 6 + 0
30. 2 + 4
31. 1 + 6
32. 2 + 0
33. 3 + 6
34. 4 + 5
35. 3 + 3
36. 6 + 5
37. 3 + 1
38. 6 + 1
39. 7 + 2
40. 2 + 2
41. 7 + 7
42. 4 + 0
43. 2 + 3
44. 0 + 6
45. 4 + 3
46. 7 + 3
47. 1 + 4
48. 4 + 7
49. 6 + 7
50. 1 + 7
51. 3 + 2
52. 0 + 1
53. 6 + 2
54. 0 + 2
55. 4 + 2
56. 0 + 3
57. 7 + 4
58. 5 + 7
59. 1 + 6
60. 2 + 7

DAY 16
ADDITION TO 7

NAME: _____

SCORE /60

1. 2 + 7
2. 3 + 6
3. 0 + 4
4. 4 + 5
5. 1 + 0
6. 3 + 2

7. 4 + 2
8. 5 + 1
9. 6 + 7
10. 5 + 5
11. 7 + 0
12. 6 + 2

13. 1 + 1
14. 2 + 6
15. 3 + 0
16. 4 + 7
17. 2 + 4
18. 0 + 3

19. 0 + 5
20. 3 + 5
21. 4 + 4
22. 1 + 5
23. 5 + 7
24. 3 + 4

25. 1 + 4
26. 4 + 0
27. 3 + 7
28. 7 + 2
29. 6 + 6
30. 2 + 0

31. 6 + 4
32. 5 + 4
33. 0 + 0
34. 2 + 5
35. 6 + 3
36. 5 + 0

37. 6 + 1
38. 4 + 6
39. 2 + 1
40. 7 + 6
41. 0 + 6
42. 1 + 3

43. 3 + 1
44. 1 + 7
45. 0 + 2
46. 6 + 2
47. 4 + 3
48. 7 + 3

49. 0 + 7
50. 6 + 5
51. 7 + 7
52. 5 + 2
53. 6 + 0
54. 5 + 3

55. 2 + 3
56. 5 + 6
57. 1 + 2
58. 4 + 1
59. 0 + 1
60. 1 + 7

DAY 17
ADDITION TO 7

NAME: _____

SCORE /60

1. 7 + 2
2. 5 + 6
3. 4 + 7
4. 5 + 0
5. 3 + 6
6. 4 + 2

7. 3 + 1
8. 0 + 3
9. 1 + 7
10. 2 + 6
11. 0 + 5
12. 7 + 4

13. 6 + 3
14. 0 + 6
15. 7 + 7
16. 1 + 0
17. 2 + 4
18. 5 + 1

19. 4 + 0
20. 7 + 3
21. 4 + 4
22. 0 + 1
23. 3 + 2
24. 6 + 4

25. 2 + 3
26. 3 + 5
27. 2 + 0
28. 6 + 7
29. 1 + 1
30. 5 + 5

31. 6 + 5
32. 4 + 3
33. 0 + 2
34. 1 + 5
35. 2 + 2
36. 5 + 4

37. 3 + 4
38. 5 + 4
39. 6 + 1
40. 5 + 2
41. 7 + 0
42. 4 + 6

43. 7 + 6
44. 0 + 4
45. 3 + 3
46. 1 + 6
47. 6 + 6
48. 0 + 7

49. 3 + 2
50. 3 + 7
51. 2 + 1
52. 1 + 3
53. 3 + 0
54. 5 + 2

55. 5 + 3
56. 4 + 5
57. 7 + 1
58. 6 + 2
59. 4 + 1
60. 7 + 5

DAY 18
ADDITION TO 7

NAME : _____

SCORE /60

1. 0 + 7
2. 2 + 1
3. 5 + 6
4. 1 + 4
5. 4 + 0
6. 3 + 5

7. 1 + 2
8. 6 + 2
9. 4 + 3
10. 7 + 4
11. 2 + 3
12. 5 + 4

13. 4 + 2
14. 7 + 3
15. 3 + 4
16. 6 + 6
17. 0 + 4
18. 1 + 6

19. 2 + 7
20. 0 + 1
21. 6 + 4
22. 7 + 2
23. 2 + 0
24. 2 + 2

25. 0 + 5
26. 3 + 2
27. 4 + 7
28. 6 + 1
29. 3 + 1
30. 4 + 5

31. 2 + 4
32. 1 + 5
33. 7 + 1
34. 0 + 0
35. 3 + 7
36. 5 + 2

37. 3 + 6
38. 7 + 6
39. 7 + 7
40. 3 + 3
41. 5 + 2
42. 1 + 0

43. 0 + 2
44. 7 + 5
45. 6 + 0
46. 4 + 4
47. 6 + 5
48. 5 + 3

49. 6 + 7
50. 1 + 3
51. 2 + 5
52. 5 + 7
53. 1 + 1
54. 6 + 3

55. 4 + 6
56. 5 + 5
57. 4 + 1
58. 0 + 6
59. 2 + 6
60. 1 + 7

DAY 19
ADDITION TO 7

NAME: _____

SCORE /60

1. 3 + 1
2. 0 + 7
3. 1 + 3
4. 4 + 2
5. 2 + 6
6. 5 + 5

7. 2 + 2
8. 6 + 2
9. 7 + 4
10. 5 + 1
11. 6 + 7
12. 0 + 4

13. 1 + 4
14. 3 + 6
15. 6 + 4
16. 3 + 0
17. 4 + 6
18. 1 + 7

19. 4 + 7
20. 7 + 6
21. 1 + 0
22. 3 + 2
23. 2 + 1
24. 6 + 3

25. 0 + 5
26. 3 + 7
27. 2 + 4
28. 7 + 2
29. 0 + 3
30. 4 + 1

31. 2 + 0
32. 6 + 5
33. 1 + 5
34. 4 + 5
35. 7 + 7
36. 3 + 3

37. 5 + 6
38. 7 + 2
39. 5 + 5
40. 4 + 0
41. 1 + 1
42. 2 + 7

43. 4 + 4
44. 7 + 3
45. 3 + 5
46. 7 + 0
47. 6 + 1
48. 7 + 5

49. 1 + 6
50. 5 + 2
51. 5 + 7
52. 2 + 3
53. 0 + 6
54. 5 + 0

55. 6 + 6
56. 3 + 4
57. 0 + 2
58. 5 + 4
59. 1 + 2
60. 4 + 3

DAY 20
ADDITION TO 7

NAME: _____

SCORE /60

1. 4 + 1
2. 0 + 1
3. 3 + 6
4. 0 + 7
5. 3 + 4
6. 4 + 3

7. 6 + 0
8. 4 + 7
9. 2 + 3
10. 7 + 6
11. 1 + 3
12. 2 + 4

13. 1 + 7
14. 4 + 5
15. 6 + 5
16. 4 + 2
17. 3 + 3
18. 5 + 2

19. 4 + 4
20. 3 + 7
21. 7 + 2
22. 7 + 7
23. 2 + 2
24. 1 + 5

25. 1 + 2
26. 2 + 7
27. 0 + 3
28. 3 + 1
29. 7 + 1
30. 6 + 6

31. 5 + 6
32. 1 + 4
33. 5 + 5
34. 3 + 5
35. 6 + 4
36. 1 + 0

37. 2 + 0
38. 5 + 3
39. 7 + 5
40. 1 + 6
41. 5 + 7
42. 0 + 0

43. 5 + 0
44. 0 + 4
45. 1 + 1
46. 0 + 2
47. 4 + 6
48. 7 + 3

49. 5 + 1
50. 6 + 2
51. 2 + 7
52. 5 + 2
53. 5 + 2
54. 5 + 2

55. 5 + 2
56. 5 + 2
57. 5 + 2
58. 5 + 2
59. 5 + 2
60. 5 + 2

Addition to 10

DAY 21
ADDITION TO 10

NAME : _____

SCORE /60

1. $6 + 7$
2. $10 + 1$
3. $5 + 8$
4. $5 + 2$
5. $7 + 5$
6. $3 + 10$

7. $5 + 2$
8. $9 + 8$
9. $5 + 2$
10. $10 + 6$
11. $1 + 8$
12. $6 + 5$

13. $3 + 8$
14. $5 + 7$
15. $9 + 9$
16. $4 + 8$
17. $8 + 2$
18. $4 + 7$

19. $0 + 9$
20. $10 + 0$
21. $6 + 1$
22. $5 + 9$
23. $1 + 10$
24. $2 + 10$

25. $6 + 3$
26. $8 + 0$
27. $2 + 4$
28. $9 + 3$
29. $9 + 5$
30. $6 + 8$

31. $1 + 7$
32. $9 + 10$
33. $1 + 2$
34. $3 + 6$
35. $8 + 0$
36. $7 + 3$

37. $4 + 6$
38. $2 + 8$
39. $7 + 4$
40. $8 + 8$
41. $4 + 9$
42. $6 + 0$

43. $7 + 10$
44. $3 + 2$
45. $0 + 8$
46. $5 + 10$
47. $7 + 1$
48. $5 + 4$

49. $2 + 9$
50. $9 + 0$
51. $10 + 4$
52. $1 + 9$
53. $7 + 9$
54. $5 + 2$

55. $3 + 9$
56. $5 + 2$
57. $4 + 5$
58. $8 + 9$
59. $10 + 10$
60. $0 + 10$

DAY 22
ADDITION TO 10

NAME: _____   :   SCORE /60

1. 2 + 8
2. 3 + 2
3. 4 + 7
4. 9 + 9
5. 4 + 2
6. 0 + 2

7. 10 + 3
8. 9 + 0
9. 2 + 4
10. 10 + 8
11. 7 + 7
12. 5 + 2

13. 5 + 1
14. 3 + 9
15. 0 + 10
16. 9 + 5
17. 1 + 0
18. 4 + 7

19. 4 + 9
20. 8 + 3
21. 2 + 6
22. 10 + 6
23. 6 + 4
24. 2 + 10

25. 7 + 2
26. 0 + 3
27. 6 + 9
28. 5 + 5
29. 0 + 7
30. 5 + 2

31. 4 + 8
32. 5 + 0
33. 1 + 10
34. 7 + 1
35. 8 + 2
36. 5 + 2

37. 7 + 10
38. 10 + 10
39. 3 + 3
40. 7 + 2
41. 6 + 7
42. 3 + 8

43. 1 + 5
44. 8 + 7
45. 4 + 5
46. 3 + 7
47. 9 + 10
48. 5 + 0

49. 3 + 5
50. 6 + 5
51. 7 + 8
52. 0 + 9
53. 2 + 9
54. 10 + 2

55. 6 + 6
56. 9 + 2
57. 3 + 10
58. 1 + 2
59. 8 + 8
60. 5 + 7

DAY 23
ADDITION TO 10

NAME: _____

SCORE /60

1. 7 + 5
2. 2 + 2
3. 4 + 7
4. 8 + 8
5. 3 + 3
6. 1 + 5

7. 10 + 6
8. 1 + 2
9. 7 + 6
10. 0 + 7
11. 1 + 8
12. 6 + 6

13. 3 + 4
14. 0 + 2
15. 3 + 7
16. 0 + 0
17. 0 + 6
18. 8 + 9

19. 6 + 2
20. 3 + 6
21. 2 + 7
22. 5 + 3
23. 10 + 7
24. 4 + 2

25. 7 + 5
26. 3 + 10
27. 4 + 9
28. 4 + 8
29. 6 + 1
30. 5 + 5

31. 4 + 10
32. 9 + 9
33. 4 + 6
34. 9 + 1
35. 2 + 9
36. 8 + 5

37. 10 + 10
38. 6 + 9
39. 5 + 6
40. 8 + 4
41. 9 + 5
42. 8 + 0

43. 0 + 10
44. 3 + 0
45. 5 + 2
46. 5 + 6
47. 9 + 4
48. 1 + 4

49. 8 + 7
50. 3 + 4
51. 6 + 7
52. 3 + 8
53. 0 + 1
54. 2 + 7

55. 7 + 7
56. 3 + 5
57. 8 + 10
58. 5 + 4
59. 2 + 2
60. 3 + 5

DAY 24
ADDITION TO 10

NAME : _____

SCORE /60

1. 4 + 5
2. 1 + 8
3. 3 + 10
4. 5 + 2
5. 7 + 1
6. 6 + 2

7. 4 + 3
8. 0 + 4
9. 5 + 7
10. 0 + 2
11. 10 + 10
12. 6 + 4

13. 3 + 9
14. 8 + 10
15. 0 + 1
16. 8 + 3
17. 5 + 9
18. 4 + 10

19. 6 + 9
20. 4 + 4
21. 1 + 10
22. 7 + 9
23. 3 + 3
24. 1 + 2

25. 10 + 2
26. 6 + 5
27. 5 + 5
28. 3 + 2
29. 5 + 1
30. 10 + 9

31. 0 + 7
32. 2 + 5
33. 9 + 1
34. 5 + 5
35. 1 + 6
36. 0 + 2

37. 6 + 7
38. 9 + 9
39. 8 + 6
40. 7 + 4
41. 3 + 6
42. 0 + 9

43. 1 + 1
44. 6 + 10
45. 8 + 2
46. 3 + 1
47. 4 + 8
48. 7 + 9

49. 10 + 8
50. 3 + 5
51. 4 + 6
52. 8 + 9
53. 8 + 8
54. 5 + 5

55. 0 + 2
56. 6 + 3
57. 9 + 2
58. 10 + 0
59. 4 + 2
60. 8 + 3

DAY 25
ADDITION TO 10

NAME: _____

SCORE /60

1. 2 + 7
2. 4 + 4
3. 9 + 8
4. 9 + 7
5. 4 + 8
6. 3 + 2
7. 2 + 2
8. 3 + 4
9. 4 + 7
10. 0 + 7
11. 8 + 1
12. 7 + 10
13. 2 + 8
14. 8 + 3
15. 0 + 8
16. 10 + 8
17. 1 + 9
18. 1 + 4
19. 0 + 10
20. 1 + 6
21. 8 + 5
22. 7 + 7
23. 2 + 0
24. 1 + 1
25. 5 + 5
26. 5 + 4
27. 1 + 7
28. 4 + 9
29. 10 + 2
30. 3 + 0
31. 7 + 3
32. 3 + 10
33. 5 + 10
34. 9 + 0
35. 4 + 4
36. 5 + 3
37. 3 + 9
38. 1 + 3
39. 1 + 5
40. 10 + 9
41. 9 + 5
42. 1 + 0
43. 6 + 9
44. 7 + 8
45. 4 + 6
46. 6 + 3
47. 7 + 5
48. 4 + 10
49. 4 + 6
50. 5 + 9
51. 3 + 4
52. 7 + 3
53. 6 + 2
54. 3 + 8
55. 0 + 3
56. 8 + 5
57. 5 + 6
58. 5 + 2
59. 10 + 6
60. 9 + 8

DAY 26
ADDITION TO 10

NAME : _____

SCORE /60

1. 7 + 0
2. 2 + 1
3. 0 + 9
4. 1 + 1
5. 6 + 10
6. 9 + 2

7. 1 + 4
8. 0 + 2
9. 2 + 8
10. 10 + 3
11. 1 + 9
12. 10 + 10

13. 5 + 0
14. 2 + 2
15. 8 + 9
16. 3 + 5
17. 3 + 2
18. 3 + 1

19. 4 + 0
20. 4 + 2
21. 6 + 8
22. 9 + 4
23. 8 + 5
24. 5 + 10

25. 8 + 10
26. 0 + 6
27. 4 + 3
28. 4 + 6
29. 5 + 7
30. 6 + 6

31. 4 + 4
32. 7 + 9
33. 9 + 7
34. 10 + 1
35. 4 + 8
36. 9 + 10

37. 0 + 3
38. 9 + 9
39. 5 + 4
40. 0 + 8
41. 1 + 6
42. 6 + 3

43. 3 + 7
44. 1 + 8
45. 8 + 8
46. 1 + 1
47. 9 + 3
48. 6 + 2

49. 7 + 8
50. 9 + 6
51. 0 + 1
52. 3 + 7
53. 1 + 0
54. 10 + 5

55. 8 + 3
56. 4 + 0
57. 8 + 2
58. 6 + 8
59. 0 + 10
60. 5 + 7

DAY 27
ADDITION TO 10

NAME: _____

SCORE /60

1. 8 + 8
2. 6 + 7
3. 1 + 6
4. 3 + 10
5. 8 + 9
6. 7 + 7

7. 0 + 8
8. 4 + 0
9. 3 + 3
10. 2 + 8
11. 4 + 4
12. 3 + 8

13. 5 + 7
14. 2 + 2
15. 4 + 10
16. 6 + 0
17. 7 + 4
18. 0 + 2

19. 9 + 5
20. 0 + 1
21. 3 + 2
22. 1 + 3
23. 6 + 9
24. 5 + 0

25. 3 + 6
26. 10 + 8
27. 5 + 4
28. 4 + 1
29. 10 + 9
30. 5 + 5

31. 1 + 7
32. 10 + 3
33. 2 + 1
34. 8 + 7
35. 9 + 9
36. 2 + 4

37. 9 + 3
38. 8 + 4
39. 8 + 8
40. 10 + 7
41. 7 + 0
42. 0 + 0

43. 5 + 2
44. 3 + 4
45. 8 + 6
46. 6 + 6
47. 6 + 10
48. 0 + 3

49. 7 + 9
50. 10 + 10
51. 1 + 9
52. 4 + 6
53. 5 + 8
54. 1 + 1

55. 7 + 7
56. 6 + 10
57. 7 + 4
58. 8 + 3
59. 9 + 6
60. 5 + 2

DAY 28
ADDITION TO 10

NAME : _____

SCORE /60

1. 4 + 0
2. 1 + 7
3. 4 + 9
4. 8 + 8
5. 2 + 5
6. 1 + 10
7. 4 + 4
8. 2 + 7
9. 0 + 10
10. 9 + 9
11. 7 + 5
12. 8 + 6
13. 2 + 3
14. 4 + 6
15. 10 + 9
16. 5 + 10
17. 1 + 0
18. 7 + 6
19. 5 + 6
20. 5 + 9
21. 2 + 6
22. 3 + 3
23. 0 + 5
24. 8 + 2
25. 2 + 10
26. 0 + 3
27. 1 + 8
28. 3 + 8
29. 10 + 4
30. 9 + 3
31. 5 + 8
32. 9 + 6
33. 0 + 7
34. 8 + 4
35. 3 + 7
36. 10 + 10
37. 7 + 8
38. 10 + 3
39. 9 + 7
40. 2 + 2
41. 6 + 10
42. 9 + 8
43. 1 + 6
44. 3 + 5
45. 6 + 0
46. 3 + 6
47. 0 + 2
48. 9 + 0
49. 2 + 7
50. 4 + 5
51. 3 + 5
52. 0 + 10
53. 6 + 8
54. 4 + 1
55. 5 + 0
56. 9 + 2
57. 3 + 7
58. 1 + 5
59. 6 + 7
60. 8 + 2

DAY 29
ADDITION TO 10

NAME: _____

SCORE /60

1. 1 + 5
2. 0 + 9
3. 7 + 4
4. 1 + 8
5. 2 + 3
6. 8 + 8

7. 3 + 0
8. 7 + 7
9. 0 + 7
10. 6 + 10
11. 3 + 6
12. 10 + 9

13. 2 + 2
14. 3 + 3
15. 9 + 2
16. 6 + 9
17. 0 + 6
18. 0 + 0

19. 3 + 1
20. 5 + 1
21. 7 + 3
22. 7 + 5
23. 2 + 10
24. 0 + 1

25. 1 + 1
26. 9 + 7
27. 6 + 6
28. 8 + 3
29. 9 + 4
30. 10 + 10

31. 1 + 4
32. 8 + 10
33. 8 + 6
34. 7 + 1
35. 9 + 8
36. 7 + 8

37. 6 + 4
38. 5 + 5
39. 2 + 0
40. 7 + 10
41. 3 + 4
42. 5 + 3

43. 6 + 2
44. 1 + 2
45. 9 + 9
46. 0 + 4
47. 2 + 3
48. 9 + 0

49. 6 + 1
50. 3 + 10
51. 4 + 4
52. 4 + 5
53. 1 + 10
54. 5 + 0

55. 3 + 5
56. 8 + 1
57. 6 + 2
58. 7 + 10
59. 1 + 2
60. 9 + 4

DAY 30
ADDITION TO 10

NAME: _____

SCORE /60

1. 10 + 1
2. 6 + 6
3. 5 + 9
4. 0 + 6
5. 4 + 7
6. 3 + 1

7. 8 + 7
8. 0 + 10
9. 5 + 4
10. 2 + 2
11. 2 + 9
12. 0 + 0

13. 5 + 5
14. 6 + 10
15. 8 + 3
16. 9 + 3
17. 4 + 6
18. 6 + 1

19. 7 + 9
20. 8 + 10
21. 1 + 9
22. 10 + 9
23. 4 + 2
24. 4 + 4

25. 7 + 7
26. 8 + 5
27. 10 + 5
28. 1 + 7
29. 8 + 4
30. 5 + 2

31. 8 + 9
32. 2 + 8
33. 9 + 9
34. 3 + 3
35. 4 + 10
36. 8 + 0

37. 4 + 0
38. 3 + 4
39. 2 + 0
40. 3 + 0
41. 4 + 9
42. 7 + 0

43. 3 + 5
44. 0 + 9
45. 7 + 10
46. 4 + 1
47. 5 + 6
48. 1 + 4

49. 2 + 7
50. 3 + 8
51. 10 + 1
52. 8 + 9
53. 5 + 2
54. 6 + 7

55. 4 + 0
56. 1 + 9
57. 5 + 4
58. 10 + 8
59. 8 + 7
60. 1 + 5

DAY 31
ADDITION TO 10

NAME: _____   SCORE: /60

1. 9 + 5
2. 2 + 9
3. 3 + 1
4. 0 + 3
5. 2 + 1
6. 7 + 0

7. 1 + 10
8. 0 + 6
9. 4 + 4
10. 4 + 0
11. 10 + 9
12. 8 + 8

13. 3 + 5
14. 4 + 3
15. 3 + 6
16. 5 + 2
17. 9 + 3
18. 8 + 5

19. 0 + 2
20. 4 + 7
21. 1 + 1
22. 7 + 7
23. 7 + 1
24. 8 + 7

25. 9 + 9
26. 9 + 1
27. 6 + 6
28. 3 + 3
29. 7 + 10
30. 2 + 10

31. 1 + 0
32. 9 + 7
33. 9 + 6
34. 3 + 10
35. 2 + 7
36. 0 + 8

37. 6 + 8
38. 2 + 2
39. 4 + 1
40. 8 + 9
41. 4 + 9
42. 10 + 10

43. 6 + 1
44. 3 + 8
45. 7 + 3
46. 3 + 2
47. 10 + 5
48. 5 + 5

49. 2 + 4
50. 0 + 0
51. 5 + 7
52. 3 + 8
53. 0 + 8
54. 2 + 10

55. 3 + 4
56. 5 + 1
57. 8 + 2
58. 9 + 7
59. 8 + 4
60. 7 + 4

DAY 32
ADDITION TO 10

NAME : _____

SCORE /60

1. 5 + 5
2. 10 + 1
3. 0 + 10
4. 3 + 5
5. 0 + 6
6. 0 + 8
7. 8 + 9
8. 6 + 6
9. 10 + 7
10. 4 + 2
11. 0 + 7
12. 5 + 0
13. 3 + 7
14. 8 + 1
15. 2 + 1
16. 3 + 6
17. 4 + 7
18. 10 + 4
19. 2 + 7
20. 9 + 2
21. 4 + 9
22. 3 + 10
23. 6 + 7
24. 4 + 4
25. 6 + 9
26. 7 + 7
27. 4 + 3
28. 2 + 3
29. 3 + 8
30. 4 + 6
31. 0 + 9
32. 2 + 0
33. 5 + 8
34. 10 + 5
35. 6 + 5
36. 2 + 5
37. 9 + 9
38. 2 + 10
39. 1 + 7
40. 4 + 8
41. 9 + 3
42. 2 + 2
43. 5 + 9
44. 7 + 5
45. 10 + 10
46. 8 + 7
47. 3 + 0
48. 1 + 9
49. 6 + 2
50. 4 + 5
51. 0 + 4
52. 1 + 6
53. 10 + 4
54. 8 + 5
55. 1 + 8
56. 4 + 0
57. 9 + 4
58. 7 + 8
59. 9 + 7
60. 3 + 8

DAY 33
ADDITION TO 10

NAME: _____   SCORE /60

1. 9 + 9
2. 3 + 5
3. 7 + 0
4. 8 + 3
5. 2 + 4
6. 1 + 4

7. 3 + 1
8. 6 + 6
9. 10 + 9
10. 0 + 8
11. 1 + 0
12. 7 + 2

13. 1 + 9
14. 4 + 6
15. 7 + 3
16. 8 + 7
17. 1 + 1
18. 5 + 2

19. 0 + 0
20. 6 + 7
21. 10 + 4
22. 2 + 8
23. 8 + 4
24. 7 + 10

25. 7 + 1
26. 2 + 0
27. 9 + 3
28. 7 + 5
29. 8 + 10
30. 5 + 2

31. 5 + 5
32. 1 + 8
33. 4 + 3
34. 3 + 10
35. 4 + 0
36. 5 + 2

37. 5 + 10
38. 1 + 6
39. 2 + 3
40. 4 + 4
41. 6 + 0
42. 9 + 8

43. 9 + 2
44. 5 + 0
45. 7 + 7
46. 10 + 2
47. 9 + 6
48. 8 + 6

49. 2 + 1
50. 4 + 7
51. 5 + 4
52. 9 + 9
53. 8 + 10
54. 5 + 9

55. 10 + 2
56. 8 + 1
57. 6 + 0
58. 6 + 10
59. 4 + 2
60. 7 + 8

DAY 34
ADDITION TO 10

NAME : _____

SCORE /60

1. 0 + 8
2. 5 + 7
3. 7 + 10
4. 8 + 8
5. 6 + 3
6. 4 + 4
7. 8 + 4
8. 6 + 7
9. 2 + 3
10. 3 + 4
11. 9 + 9
12. 9 + 4
13. 9 + 3
14. 4 + 8
15. 7 + 8
16. 1 + 1
17. 8 + 3
18. 5 + 5
19. 2 + 5
20. 2 + 8
21. 5 + 9
22. 8 + 5
23. 10 + 2
24. 1 + 6
25. 7 + 9
26. 5 + 6
27. 7 + 7
28. 2 + 2
29. 6 + 10
30. 6 + 9
31. 4 + 10
32. 8 + 1
33. 0 + 3
34. 2 + 7
35. 0 + 0
36. 6 + 8
37. 6 + 2
38. 10 + 10
39. 4 + 2
40. 10 + 5
41. 4 + 1
42. 1 + 3
43. 9 + 2
44. 1 + 5
45. 10 + 8
46. 1 + 0
47. 0 + 9
48. 3 + 10
49. 4 + 6
50. 3 + 3
51. 6 + 8
52. 10 + 0
53. 5 + 7
54. 3 + 8
55. 9 + 1
56. 10 + 7
57. 4 + 2
58. 9 + 4
59. 3 + 10
60. 5 +

DAY 35
ADDITION TO 10

NAME: _____

SCORE /60

1. 7 + 0
2. 0 + 6
3. 8 + 5
4. 0 + 2
5. 8 + 10
6. 2 + 3

7. 2 + 4
8. 6 + 8
9. 10 + 2
10. 7 + 6
11. 9 + 1
12. 6 + 9

13. 5 + 4
14. 3 + 0
15. 7 + 7
16. 1 + 8
17. 2 + 1
18. 3 + 10

19. 5 + 6
20. 1 + 1
21. 4 + 3
22. 1 + 0
23. 1 + 10
24. 9 + 10

25. 3 + 3
26. 8 + 7
27. 4 + 1
28. 5 + 5
29. 10 + 1
30. 7 + 3

31. 8 + 4
32. 6 + 1
33. 6 + 6
34. 8 + 3
35. 6 + 3
36. 8 + 8

37. 1 + 5
38. 4 + 9
39. 10 + 10
40. 5 + 3
41. 5 + 2
42. 10 + 4

43. 2 + 2
44. 7 + 2
45. 5 + 10
46. 7 + 10
47. 9 + 5
48. 3 + 9

49. 2 + 8
50. 9 + 9
51. 0 + 5
52. 3 + 6
53. 4 + 6
54. 8 + 6

55. 9 + 10
56. 7 + 1
57. 4 + 0
58. 2 + 6
59. 10 + 4
60. 8 + 5

DAY 36
ADDITION TO 5

NAME : _____  SCORE /60

1. 7 + 5
2. 2 + 10
3. 4 + 1
4. 0 + 5
5. 10 + 0
6. 8 + 3
7. 10 + 10
8. 7 + 2
9. 3 + 2
10. 6 + 9
11. 9 + 8
12. 9 + 2
13. 3 + 7
14. 0 + 6
15. 2 + 5
16. 7 + 7
17. 1 + 7
18. 8 + 6
19. 5 + 10
20. 2 + 4
21. 9 + 3
22. 7 + 0
23. 8 + 10
24. 1 + 8
25. 6 + 2
26. 2 + 0
27. 10 + 9
28. 0 + 3
29. 4 + 6
30. 6 + 10
31. 0 + 0
32. 0 + 8
33. 5 + 1
34. 1 + 2
35. 6 + 6
36. 3 + 4
37. 5 + 8
38. 3 + 10
39. 7 + 4
40. 7 + 10
41. 4 + 0
42. 3 + 1
43. 4 + 5
44. 10 + 4
45. 4 + 9
46. 3 + 5
47. 0 + 1
48. 0 + 9
49. 2 + 8
50. 0 + 7
51. 5 + 9
52. 8 + 9
53. 1 + 5
54. 10 + 3
55. 3 + 2
56. 10 + 9
57. 2 + 7
58. 6 + 7
59. 1 + 2
60. 5 + 2

DAY 37
ADDITION TO 10

NAME : _____

SCORE /60

1. 9 + 2
2. 5 + 6
3. 4 + 7
4. 0 + 10
5. 10 + 5
6. 1 + 8

7. 9 + 9
8. 4 + 2
9. 6 + 8
10. 5 + 4
11. 2 + 1
12. 7 + 3

13. 7 + 5
14. 8 + 7
15. 0 + 6
16. 10 + 1
17. 3 + 5
18. 4 + 6

19. 2 + 4
20. 5 + 5
21. 7 + 9
22. 0 + 4
23. 6 + 1
24. 10 + 7

25. 1 + 9
26. 5 + 9
27. 8 + 3
28. 6 + 9
29. 4 + 0
30. 7 + 7

31. 0 + 6
32. 7 + 6
33. 5 + 2
34. 10 + 4
35. 6 + 3
36. 4 + 10

37. 8 + 2
38. 1 + 7
39. 9 + 5
40. 0 + 1
41. 4 + 9
42. 5 + 1

43. 3 + 2
44. 0 + 8
45. 6 + 5
46. 1 + 1
47. 8 + 9
48. 0 + 3

49. 5 + 9
50. 10 + 2
51. 7 + 0
52. 4 + 4
53. 3 + 1
54. 1 + 10

55. 5 + 2
56. 9 + 7
57. 0 + 5
58. 9 + 1
59. 7 + 5
60. 2 + 4

DAY 38
ADDITION TO 10

NAME: _____   SCORE /60

1. 4 + 0
2. 5 + 9
3. 8 + 6
4. 3 + 1
5. 6 + 6
6. 4 + 2
7. 4 + 8
8. 10 + 4
9. 1 + 9
10. 9 + 4
11. 7 + 3
12. 8 + 7
13. 1 + 6
14. 8 + 8
15. 8 + 9
16. 4 + 6
17. 10 + 3
18. 0 + 6
19. 8 + 1
20. 10 + 8
21. 1 + 10
22. 1 + 0
23. 3 + 8
24. 6 + 3
25. 0 + 9
26. 6 + 0
27. 5 + 7
28. 2 + 5
29. 7 + 6
30. 4 + 4
31. 7 + 0
32. 6 + 5
33. 10 + 10
34. 2 + 6
35. 4 + 7
36. 8 + 5
37. 0 + 8
38. 0 + 0
39. 5 + 0
40. 2 + 7
41. 2 + 2
42. 2 + 3
43. 4 + 5
44. 10 + 6
45. 1 + 4
46. 5 + 3
47. 0 + 8
48. 1 + 7
49. 10 + 9
50. 5 + 1
51. 8 + 4
52. 5 + 9
53. 3 + 2
54. 6 + 7
55. 3 + 7
56. 6 + 4
57. 8 + 2
58. 0 + 10
59. 9 + 1
60. 5 + 5

DAY 39
ADDITION TO 10

NAME: _____

SCORE /60

1. 1 + 3
2. 4 + 6
3. 8 + 5
4. 9 + 9
5. 6 + 8
6. 3 + 4

7. 2 + 5
8. 7 + 4
9. 5 + 9
10. 7 + 10
11. 10 + 7
12. 3 + 3

13. 1 + 9
14. 9 + 7
15. 0 + 0
16. 5 + 7
17. 0 + 2
18. 9 + 10

19. 2 + 10
20. 2 + 8
21. 2 + 9
22. 5 + 1
23. 8 + 8
24. 4 + 5

25. 8 + 9
26. 7 + 2
27. 1 + 6
28. 5 + 5
29. 4 + 0
30. 3 + 7

31. 0 + 5
32. 4 + 4
33. 5 + 10
34. 6 + 0
35. 8 + 1
36. 5 + 6

37. 7 + 7
38. 9 + 6
39. 5 + 3
40. 7 + 0
41. 6 + 7
42. 10 + 8

43. 0 + 3
44. 2 + 4
45. 9 + 0
46. 4 + 8
47. 4 + 3
48. 1 + 3

49. 8 + 4
50. 9 + 6
51. 1 + 1
52. 3 + 5
53. 9 + 5
54. 0 + 2

55. 4 + 10
56. 6 + 6
57. 3 + 2
58. 5 + 4
59. 3 + 6
60. 10 + 10

DAY 40
ADDITION TO 10

NAME : _____   :   SCORE /60

1. 7 + 5
2. 1 + 10
3. 4 + 1
4. 0 + 5
5. 10 + 0
6. 8 + 3

7. 10 + 10
8. 2 + 7
9. 3 + 2
10. 9 + 6
11. 3 + 7
12. 8 + 7

13. 0 + 6
14. 2 + 5
15. 5 + 4
16. 1 + 7
17. 8 + 6
18. 5 + 10

19. 2 + 4
20. 9 + 3
21. 7 + 0
22. 8 + 10
23. 1 + 8
24. 6 + 2

25. 2 + 0
26. 10 + 9
27. 0 + 3
28. 4 + 6
29. 6 + 10
30. 0 + 0

31. 0 + 8
32. 5 + 1
33. 1 + 2
34. 6 + 6
35. 3 + 4
36. 5 + 8

37. 3 + 10
38. 7 + 4
39. 4 + 0
40. 10 + 7
41. 3 + 1
42. 4 + 5

43. 10 + 4
44. 4 + 9
45. 3 + 5
46. 0 + 1
47. 0 + 9
48. 2 + 8

49. 1 + 5
50. 10 + 3
51. 4 + 6
52. 8 + 5
53. 1 + 2
54. 9 + 0

55. 8 + 2
56. 4 + 2
57. 3 + 0
58. 5 + 2
59. 10 + 2
60. 1 + 9

Subtraction to 10

DAY 41
SUBTRACTION TO 10

NAME : _____   SCORE /60

1. 1 + 3
2. 4 + 6
3. 8 + 5
4. 9 + 9
5. 6 + 8
6. 3 + 4

7. 2 + 5
8. 7 + 4
9. 5 + 9
10. 7 + 10
11. 10 + 7
12. 3 + 3

13. 1 + 9
14. 9 + 7
15. 0 + 0
16. 5 + 7
17. 0 + 2
18. 9 + 10

19. 2 + 10
20. 2 + 8
21. 2 + 9
22. 5 + 1
23. 8 + 8
24. 4 + 5

25. 8 + 9
26. 7 + 2
27. 1 + 6
28. 5 + 5
29. 4 + 0
30. 3 + 7

31. 0 + 5
32. 4 + 4
33. 5 + 10
34. 6 + 0
35. 8 + 1
36. 5 + 6

37. 7 + 7
38. 9 + 6
39. 5 + 3
40. 7 + 0
41. 6 + 7
42. 10 + 8

43. 0 + 3
44. 2 + 4
45. 9 + 0
46. 4 + 8
47. 4 + 3
48. 1 + 3

49. 8 + 4
50. 9 + 6
51. 1 + 1
52. 3 + 5
53. 9 + 5
54. 0 + 2

55. 4 + 10
56. 6 + 6
57. 3 + 2
58. 5 + 4
59. 3 + 6
60. 10 + 10

DAY 42
SUBTRACTION TO 10

NAME: _____

SCORE /60

1. 7 − 5
2. 3 − 1
3. 4 − 1
4. 0 − 0
5. 10 − 0
6. 8 − 3

7. 10 − 10
8. 7 − 3
9. 3 − 2
10. 9 − 6
11. 3 − 2
12. 8 − 7

13. 6 − 4
14. 3 − 0
15. 5 − 4
16. 10 − 7
17. 8 − 6
18. 7 − 1

19. 2 − 1
20. 9 − 3
21. 6 − 3
22. 8 − 5
23. 10 − 8
24. 3 − 3

25. 9 − 0
26. 8 − 1
27. 9 − 8
28. 7 − 7
29. 9 − 2
30. 5 − 0

31. 8 − 4
32. 7 − 2
33. 5 − 2
34. 6 − 1
35. 2 − 1
36. 8 − 0

37. 4 − 3
38. 2 − 1
39. 7 − 4
40. 8 − 8
41. 9 − 1
42. 6 − 5

43. 6 − 2
44. 7 − 7
45. 9 − 5
46. 1 − 1
47. 4 − 0
48. 10 − 9

49. 5 − 5
50. 10 − 3
51. 5 − 1
52. 10 − 5
53. 4 − 4
54. 9 − 7

55. 9 − 9
56. 7 − 0
57. 9 − 4
58. 8 − 2
59. 10 − 2
60. 5 − 3

DAY 43
SUBTRACTION TO 10

NAME: _____

SCORE /60

1. 2 − 0
2. 8 − 8
3. 4 − 1
4. 7 − 3
5. 5 − 4
6. 10 − 3
7. 9 − 6
8. 10 − 7
9. 8 − 3
10. 6 − 6
11. 10 − 10
12. 3 − 0
13. 5 − 3
14. 10 − 4
15. 2 − 1
16. 10 − 5
17. 7 − 2
18. 4 − 4
19. 7 − 0
20. 3 − 2
21. 10 − 0
22. 6 − 1
23. 9 − 8
24. 8 − 7
25. 4 − 3
26. 10 − 6
27. 8 − 2
28. 0 − 0
29. 9 − 7
30. 5 − 2
31. 6 − 4
32. 8 − 6
33. 5 − 2
34. 7 − 1
35. 9 − 2
36. 9 − 5
37. 5 − 1
38. 3 − 3
39. 9 − 4
40. 4 − 0
41. 8 − 4
42. 1 − 1
43. 7 − 4
44. 10 − 2
45. 9 − 1
46. 6 − 5
47. 9 − 3
48. 7 − 6
49. 6 − 2
50. 1 − 0
51. 8 − 5
52. 7 − 7
53. 5 − 0
54. 8 − 1
55. 9 − 0
56. 7 − 5
57. 4 − 2
58. 6 − 3
59. 10 − 9
60. 5 − 5

DAY 44
SUBTRACTION TO 10

NAME: _____

SCORE /60

1. 7 − 3
2. 5 − 1
3. 2 − 0
4. 8 − 5
5. 9 − 2
6. 10 − 7

7. 10 − 2
8. 8 − 0
9. 4 − 1
10. 10 − 8
11. 6 − 3
12. 1 − 0

13. 5 − 0
14. 7 − 7
15. 3 − 1
16. 9 − 9
17. 7 − 6
18. 8 − 3

19. 6 − 5
20. 7 − 1
21. 9 − 5
22. 6 − 0
23. 3 − 3
24. 9 − 0

25. 4 − 3
26. 1 − 1
27. 8 − 6
28. 5 − 2
29. 10 − 5
30. 7 − 3

31. 8 − 2
32. 9 − 7
33. 4 − 0
34. 10 − 1
35. 2 − 1
36. 6 − 4

37. 5 − 4
38. 6 − 2
39. 9 − 3
40. 10 − 0
41. 7 − 2
42. 9 − 6

43. 7 − 5
44. 10 − 9
45. 8 − 7
46. 0 − 0
47. 8 − 1
48. 3 − 2

49. 2 − 2
50. 6 − 1
51. 10 − 10
52. 9 − 4
53. 7 − 4
54. 10 − 3

55. 9 − 1
56. 8 − 4
57. 7 − 0
58. 5 − 3
59. 6 − 5
60. 4 − 2

DAY 45
SUBTRACTION TO 10

NAME: _____

SCORE /60

1. 6 − 0
2. 3 − 1
3. 8 − 6
4. 5 − 2
5. 4 − 3
6. 1 − 1

7. 10 − 8
8. 7 − 5
9. 9 − 0
10. 6 − 4
11. 10 − 6
12. 8 − 2

13. 6 − 6
14. 8 − 1
15. 10 − 7
16. 5 − 0
17. 9 − 4
18. 10 − 3

19. 2 − 1
20. 5 − 3
21. 9 − 8
22. 8 − 4
23. 9 − 1
24. 5 − 5

25. 4 − 2
26. 3 − 3
27. 1 − 0
28. 6 − 2
29. 10 − 0
30. 8 − 0

31. 7 − 2
32. 6 − 5
33. 9 − 3
34. 10 − 5
35. 7 − 1
36. 3 − 2

37. 4 − 1
38. 2 − 2
39. 7 − 6
40. 9 − 7
41. 8 − 8
42. 7 − 4

43. 6 − 3
44. 9 − 9
45. 8 − 3
46. 6 − 1
47. 5 − 4
48. 10 − 3

49. 8 − 5
50. 10 − 9
51. 9 − 2
52. 7 − 3
53. 2 − 0
54. 9 − 6

55. 4 − 0
56. 9 − 5
57. 10 − 1
58. 8 − 7
59. 5 − 1
60. 4 − 4

DAY 46
SUBTRACTION TO 10

NAME: _____

SCORE /60

1. 8 − 7
2. 9 − 0
3. 6 − 6
4. 8 − 2
5. 10 − 9
6. 7 − 0
7. 10 − 1
8. 2 − 0
9. 10 − 8
10. 7 − 4
11. 6 − 2
12. 9 − 8
13. 5 − 4
14. 3 − 3
15. 8 − 1
16. 10 − 5
17. 9 − 5
18. 4 − 4
19. 8 − 6
20. 9 − 4
21. 5 − 3
22. 9 − 8
23. 7 − 3
24. 10 − 6
25. 10 − 0
26. 7 − 2
27. 8 − 5
28. 4 − 3
29. 9 − 3
30. 5 − 2
31. 6 − 3
32. 5 − 1
33. 10 − 10
34. 3 − 2
35. 8 − 0
36. 6 − 5
37. 9 − 2
38. 7 − 6
39. 2 − 1
40. 7 − 1
41. 2 − 2
42. 8 − 8
43. 8 − 4
44. 3 − 1
45. 9 − 7
46. 0 − 0
47. 10 − 2
48. 4 − 1
49. 4 − 2
50. 6 − 1
51. 10 − 7
52. 5 − 5
53. 3 − 0
54. 9 − 6
55. 10 − 3
56. 6 − 4
57. 7 − 5
58. 8 − 3
59. 9 − 1
60. 5 − 0

DAY 47
SUBTRACTION TO 10

NAME: _____

SCORE /60

1. 10 − 5
2. 8 − 1
3. 5 − 4
4. 9 − 9
5. 7 − 5
6. 9 − 1

7. 9 − 4
8. 5 − 2
9. 3 − 1
10. 8 − 4
11. 10 − 6
12. 5 − 3

13. 6 − 6
14. 10 − 9
15. 7 − 0
16. 4 − 4
17. 9 − 5
18. 7 − 2

19. 8 − 6
20. 3 − 2
21. 9 − 2
22. 2 − 0
23. 6 − 4
24. 10 − 1

25. 7 − 3
26. 9 − 6
27. 5 − 5
28. 10 − 4
29. 8 − 5
30. 7 − 6

31. 10 − 2
32. 6 − 3
33. 8 − 7
34. 6 − 0
35. 9 − 7
36. 5 − 0

37. 8 − 2
38. 4 − 3
39. 5 − 1
40. 2 − 2
41. 10 − 8
42. 6 − 5

43. 7 − 7
44. 2 − 1
45. 10 − 0
46. 9 − 0
47. 4 − 2
48. 1 − 1

49. 9 − 3
50. 10 − 7
51. 4 − 1
52. 8 − 3
53. 6 − 1
54. 3 − 3

55. 7 − 1
56. 6 − 2
57. 9 − 8
58. 7 − 4
59. 10 − 3
60. 8 − 0

DAY 48
SUBTRACTION TO 10

NAME : _____

SCORE /60

1. 8 − 8
2. 10 − 6
3. 7 − 1
4. 9 − 3
5. 6 − 5
6. 3 − 2

7. 7 − 4
8. 5 − 1
9. 6 − 0
10. 4 − 2
11. 10 − 9
12. 7 − 6

13. 8 − 4
14. 9 − 9
15. 5 − 4
16. 8 − 1
17. 6 − 3
18. 9 − 7

19. 9 − 2
20. 6 − 4
21. 3 − 3
22. 10 − 4
23. 6 − 6
24. 8 − 2

25. 10 − 7
26. 5 − 3
27. 7 − 3
28. 9 − 8
29. 4 − 3
30. 10 − 2

31. 7 − 7
32. 8 − 5
33. 10 − 1
34. 3 − 0
35. 6 − 2
36. 8 − 7

37. 9 − 5
38. 1 − 1
39. 5 − 0
40. 7 − 2
41. 10 − 10
42. 9 − 6

43. 4 − 0
44. 10 − 3
45. 9 − 1
46. 8 − 6
47. 2 − 1
48. 5 − 5

49. 9 − 0
50. 5 − 2
51. 4 − 4
52. 10 − 5
53. 7 − 5
54. 6 − 1

55. 10 − 8
56. 2 − 2
57. 8 − 3
58. 3 − 1
59. 9 − 4
60. 10 − 0

DAY 49
SUBTRACTION TO 10

NAME : _____

SCORE /60

1. 8 − 1
2. 7 − 7
3. 5 − 2
4. 10 − 8
5. 6 − 4
6. 9 − 7

7. 10 − 2
8. 6 − 3
9. 4 − 1
10. 7 − 3
11. 8 − 4
12. 6 − 1

13. 8 − 6
14. 9 − 1
15. 10 − 4
16. 2 − 1
17. 10 − 1
18. 9 − 4

19. 5 − 3
20. 8 − 0
21. 6 − 5
22. 9 − 8
23. 4 − 4
24. 7 − 0

25. 9 − 5
26. 10 − 7
27. 7 − 4
28. 8 − 2
29. 7 − 6
30. 10 − 3

31. 7 − 1
32. 8 − 3
33. 2 − 2
34. 5 − 4
35. 8 − 7
36. 5 − 1

37. 4 − 3
38. 9 − 2
39. 10 − 0
40. 4 − 2
41. 1 − 0
42. 7 − 5

43. 10 − 5
44. 5 − 0
45. 5 − 5
46. 0 − 0
47. 9 − 6
48. 3 − 3

49. 9 − 0
50. 6 − 2
51. 8 − 5
52. 10 − 9
53. 9 − 9
54. 4 − 0

55. 1 − 1
56. 7 − 2
57. 9 − 3
58. 6 − 0
59. 8 − 8
60. 10 − 6

DAY 50
SUBTRACTION TO 10

NAME: _____

SCORE /60

1. 10 - 10
2. 8 - 5
3. 7 - 6
4. 5 - 4
5. 9 - 7
6. 6 - 3

7. 9 - 1
8. 3 - 2
9. 4 - 1
10. 6 - 5
11. 4 - 4
12. 10 - 5

13. 10 - 2
14. 8 - 7
15. 9 - 5
16. 6 - 6
17. 3 - 0
18. 2 - 1

19. 9 - 8
20. 4 - 2
21. 6 - 0
22. 10 - 9
23. 8 - 2
24. 9 - 4

25. 5 - 0
26. 8 - 4
27. 10 - 1
28. 0 - 0
29. 7 - 5
30. 5 - 1

31. 10 - 6
32. 5 - 3
33. 7 - 2
34. 8 - 6
35. 9 - 2
36. 10 - 0

37. 8 - 1
38. 3 - 3
39. 4 - 0
40. 10 - 3
41. 6 - 4
42. 7 - 0

43. 9 - 3
44. 10 - 8
45. 7 - 1
46. 8 - 3
47. 9 - 4
48. 6 - 1

49. 7 - 4
50. 2 - 2
51. 4 - 3
52. 9 - 6
53. 5 - 2
54. 10 - 7

55. 6 - 2
56. 9 - 0
57. 10 - 4
58. 1 - 0
59. 7 - 3
60. 8 - 8

Subtraction 10 to 20

DAY 51
SUBTRACTION 10 TO 20

NAME : _____   :   SCORE /60

1. 14 − 10
2. 15 − 12
3. 17 − 13
4. 15 − 15
5. 11 − 10
6. 14 − 13

7. 17 − 17
8. 20 − 20
9. 16 − 13
10. 18 − 11
11. 19 − 16
12. 17 − 10

13. 16 − 12
14. 11 − 11
15. 17 − 12
16. 15 − 13
17. 18 − 15
18. 12 − 12

19. 18 − 14
20. 19 − 10
21. 14 − 12
22. 18 − 17
23. 19 − 11
24. 16 − 11

25. 16 − 16
26. 13 − 10
27. 16 − 15
28. 19 − 14
29. 12 − 10
30. 17 − 15

31. 19 − 15
32. 17 − 11
33. 10 − 10
34. 20 − 10
35. 15 − 11
36. 18 − 13

37. 16 − 10
38. 19 − 18
39. 15 − 14
40. 19 − 12
41. 13 − 12
42. 19 − 17

43. 17 − 14
44. 12 − 11
45. 18 − 10
46. 15 − 13
47. 17 − 16
48. 14 − 11

49. 15 − 10
50. 18 − 12
45. 19 − 19
52. 14 − 14
53. 19 − 13
54. 18 − 18

55. 20 − 10
56. 13 − 13
57. 18 − 16
58. 12 − 11
59. 10 − 10
60. 16 − 14

DAY 52
SUBTRACTION 10 TO 20

NAME: _____

SCORE /60

1. 18 − 10
2. 13 − 13
3. 15 − 11
4. 17 − 15
5. 16 − 14
6. 12 − 10

7. 17 − 12
8. 16 − 11
9. 19 − 10
10. 14 − 13
11. 20 − 10
12. 18 − 16

13. 10 − 10
14. 16 − 12
15. 18 − 13
16. 19 − 15
17. 14 − 11
18. 17 − 15

19. 17 − 14
20. 18 − 12
21. 15 − 10
22. 18 − 17
23. 12 − 12
24. 18 − 14

25. 13 − 11
26. 16 − 15
27. 11 − 11
28. 17 − 16
29. 12 − 1
30. 17 − 11

31. 16 − 10
32. 19 − 19
33. 14 − 12
34. 19 − 17
35. 15 − 13
36. 14 − 10

37. 19 − 10
38. 12 − 11
39. 15 − 14
40. 17 − 10
41. 18 − 15
42. 17 − 17

43. 16 − 16
44. 18 − 13
45. 20 − 10
46. 13 − 12
47. 19 − 16
48. 16 − 13

49. 15 − 12
50. 18 − 11
51. 14 − 14
52. 20 − 20
53. 11 − 10
54. 10 − 10

55. 13 − 10
56. 19 − 14
57. 16 − 11
58. 19 − 18
59. 15 − 15
60. 17 − 13

DAY 53
SUBTRACTION 10 TO 20

NAME: _____

SCORE /60

1. 20 − 10
2. 15 − 12
3. 13 − 11
4. 17 − 17
5. 16 − 10
6. 18 − 12
7. 17 − 11
8. 19 − 10
9. 12 − 12
10. 18 − 16
11. 11 − 11
12. 17 − 14
13. 14 − 12
14. 19 − 18
15. 16 − 13
16. 19 − 15
17. 17 − 10
18. 13 − 12
19. 18 − 17
20. 10 − 10
21. 19 − 12
22. 15 − 11
23. 13 − 11
24. 18 − 15
25. 15 − 14
26. 20 − 10
27. 16 − 11
28. 14 − 14
29. 12 − 11
30. 19 − 19
31. 16 − 15
32. 18 − 14
33. 14 − 10
34. 17 − 12
35. 15 − 13
36. 18 − 11
37. 13 − 10
38. 19 − 14
39. 17 − 16
40. 18 − 18
41. 19 − 13
42. 16 − 14
43. 16 − 16
44. 14 − 13
45. 19 − 16
46. 12 − 10
47. 11 − 10
48. 15 − 15
49. 20 − 20
50. 18 − 10
51. 15 − 10
52. 13 − 13
53. 19 − 11
54. 17 − 13
55. 12 − 10
56. 19 − 17
57. 16 − 12
58. 17 − 15
59. 18 − 13
60. 14 − 11

DAY 54
SUBTRACTION 10 TO 20

NAME: _____

SCORE /60

1. 16 − 10
2. 18 − 14
3. 15 − 11
4. 14 − 13
5. 19 − 10
6. 20 − 20
7. 13 − 12
8. 17 − 13
9. 20 − 10
10. 19 − 18
11. 12 − 10
12. 17 − 16
13. 14 − 11
14. 10 − 10
15. 16 − 13
16. 17 − 11
17. 19 − 12
18. 19 − 19
19. 15 − 12
20. 19 − 16
21. 12 − 11
22. 15 − 15
23. 20 − 10
24. 14 − 10
25. 13 − 10
26. 17 − 15
27. 16 − 11
28. 16 − 15
29. 11 − 11
30. 17 − 17
31. 16 − 15
32. 14 − 14
33. 19 − 15
34. 17 − 10
35. 12 − 11
36. 15 − 13
37. 11 − 10
38. 18 − 16
39. 19 − 13
40. 12 − 12
41. 17 − 14
42. 18 − 18
43. 14 − 12
44. 18 − 10
45. 15 − 14
46. 17 − 14
47. 18 − 15
48. 16 − 12
49. 19 − 11
50. 16 − 16
51. 20 − 10
52. 18 − 17
53. 10 − 10
54. 19 − 17
55. 13 − 13
56. 12 − 11
57. 19 − 14
58. 15 − 10
59. 17 − 12
60. 16 − 14

DAY 55
SUBTRACTION 10 TO 20

NAME : _____ 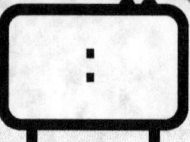 SCORE /60

1. 13 − 13
2. 17 − 16
3. 12 − 10
4. 18 − 13
5. 15 − 12
6. 18 − 18

7. 19 − 16
8. 17 − 13
9. 20 − 20
10. 18 − 10
11. 19 − 12
12. 13 − 10

13. 11 − 10
14. 18 − 17
15. 15 − 11
16. 17 − 12
17. 16 − 11
18. 19 − 18

19. 19 − 15
20. 18 − 12
21. 19 − 19
22. 14 − 12
23. 10 − 10
24. 16 − 14

25. 17 − 11
26. 12 − 12
27. 19 − 14
28. 17 − 10
29. 18 − 16
30. 15 − 10

31. 19 − 11
32. 14 − 13
33. 20 − 10
34. 15 − 14
35. 16 − 13
36. 14 − 11

37. 16 − 16
38. 17 − 15
39. 10 − 10
40. 18 − 15
41. 13 − 12
42. 19 − 17

43. 15 − 15
44. 20 − 19
45. 19 − 13
46. 16 − 15
47. 17 − 17
48. 16 − 10

49. 12 − 11
50. 15 − 13
51. 20 − 10
52. 14 − 14
53. 19 − 10
54. 20 − 20

55. 16 − 12
56. 17 − 14
57. 13 − 11
58. 18 − 14
59. 14 − 10
60. 11 − 11

DAY 56
SUBTRACTION 10 TO 20

NAME : _____   : __   SCORE /60

1. 13 − 11
2. 17 − 16
3. 15 − 11
4. 19 − 16
5. 12 − 10
6. 16 − 14

7. 18 − 12
8. 15 − 15
9. 19 − 12
10. 14 − 11
11. 18 − 15
12. 15 − 13

13. 14 − 13
14. 14 − 11
15. 19 − 10
16. 16 − 12
17. 20 − 10
18. 10 − 10

19. 11 − 11
20. 18 − 17
21. 13 − 10
22. 17 − 15
23. 18 − 18
24. 17 − 11

25. 15 − 12
26. 20 − 10
27. 16 − 11
28. 18 − 14
29. 19 − 15
30. 13 − 13

31. 17 − 14
32. 18 − 11
33. 10 − 10
34. 15 − 14
35. 19 − 13
36. 18 − 10

37. 14 − 10
38. 17 − 17
39. 19 − 19
40. 20 − 20
41. 12 − 12
42. 10 − 10

43. 16 − 13
44. 19 − 11
45. 14 − 12
46. 18 − 16
47. 17 − 13
48. 15 − 10

49. 19 − 17
50. 12 − 11
51. 18 − 13
52. 17 − 12
53. 11 − 10
54. 17 − 12

55. 14 − 14
56. 16 − 10
57. 19 − 18
58. 13 − 12
59. 16 − 15
60. 16 − 16

DAY 57
SUBTRACTION 10 TO 20

NAME : _____

SCORE /60

1. 12 - 12
2. 15 - 14
3. 19 - 11
4. 18 - 12
5. 14 - 11
6. 11 - 10

7. 16 - 10
8. 18 - 17
9. 14 - 13
10. 17 - 17
11. 12 - 10
12. 17 - 17

13. 18 - 14
14. 11 - 11
15. 17 - 14
16. 15 - 15
17. 19 - 14
18. 16 - 13

19. 19 - 16
20. 17 - 10
21. 15 - 12
22. 19 - 10
23. 13 - 11
24. 20 - 20

25. 15 - 10
26. 13 - 13
27. 18 - 11
28. 16 - 14
29. 17 - 12
30. 14 - 14

31. 18 - 16
32. 17 - 11
33. 14 - 13
34. 10 - 10
35. 19 - 18
36. 16 - 16

37. 13 - 10
38. 19 - 17
39. 16 - 14
40. 20 - 10
41. 16 - 11
42. 13 - 12

43. 10 - 10
44. 15 - 11
45. 17 - 13
46. 14 - 10
47. 19 - 13
48. 18 - 15

49. 18 - 13
50. 11 - 10
51. 19 - 12
52. 20 - 20
53. 19 - 15
54. 13 - 13

55. 16 - 12
56. 17 - 15
57. 14 - 12
58. 19 - 19
59. 12 - 11
60. 16 - 15

DAY 58
SUBTRACTION 10 TO 20

NAME : _____ SCORE /60

1. 10 - 10
2. 17 - 13
3. 18 - 14
4. 12 - 11
5. 16 - 10
6. 19 - 16

7. 16 - 14
8. 13 - 12
9. 15 - 14
10. 19 - 13
11. 19 - 11
12. 18 - 13

13. 16 - 11
14. 14 - 14
15. 19 - 18
16. 18 - 10
17. 11 - 11
18. 17 - 16

19. 12 - 10
20. 18 - 15
21. 13 - 11
22. 15 - 12
23. 14 - 13
24. 19 - 14

25. 18 - 12
26. 14 - 10
27. 16 - 15
28. 20 - 10
29. 15 - 11
30. 18 - 16

31. 16 - 13
32. 17 - 11
33. 14 - 12
34. 11 - 10
35. 16 - 12
36. 20 - 20

37. 15 - 10
38. 18 - 17
39. 20 - 10
40. 16 - 16
41. 18 - 18
42. 17 - 14

43. 17 - 17
44. 12 - 12
45. 17 - 15
46. 19 - 17
47. 13 - 10
48. 19 - 19

49. 15 - 13
50. 18 - 11
51. 19 - 15
52. 17 - 10
53. 19 - 12
54. 15 - 15

55. 17 - 12
56. 19 - 10
57. 13 - 13
58. 20 - 15
59. 14 - 11
60. 27 - 14

DAY 59
SUBTRACTION 10 TO 20

NAME: _____

SCORE /60

1. 11 − 10
2. 17 − 15
3. 13 − 13
4. 18 − 14
5. 16 − 10
6. 14 − 12
7. 19 − 15
8. 18 − 10
9. 19 − 13
10. 11 − 11
11. 19 − 12
12. 17 − 17
13. 19 − 19
14. 14 − 11
15. 17 − 16
16. 18 − 16
17. 15 − 10
18. 16 − 10
19. 12 − 11
20. 15 − 15
21. 16 − 11
22. 13 − 10
23. 15 − 13
24. 17 − 12
25. 18 − 13
26. 20 − 10
27. 17 − 13
28. 19 − 14
29. 18 − 17
30. 10 − 10
31. 14 − 14
32. 19 − 11
33. 16 − 12
34. 14 − 10
35. 16 − 15
36. 17 − 11
37. 19 − 18
38. 16 − 14
39. 19 − 13
40. 12 − 12
41. 15 − 12
42. 19 − 10
43. 20 − 10
44. 19 − 16
45. 17 − 10
46. 19 − 17
47. 14 − 13
48. 19 − 11
49. 13 − 12
50. 18 − 18
51. 15 − 14
52. 18 − 11
53. 20 − 20
54. 18 − 15
55. 16 − 16
56. 18 − 12
57. 15 − 11
58. 12 − 10
59. 17 − 14
60. 16 − 13

DAY 60
SUBTRACTION 10 TO 20

NAME : _____

SCORE /60

1. 10 − 10
2. 18 − 17
3. 14 − 11
4. 16 − 13
5. 15 − 10
6. 20 − 20

7. 16 − 12
8. 17 − 10
9. 14 − 14
10. 19 − 16
11. 12 − 11
12. 18 − 16

13. 14 − 11
14. 20 − 10
15. 19 − 13
16. 16 − 11
17. 13 − 12
18. 19 − 17

19. 17 − 12
20. 17 − 16
21. 11 − 11
22. 18 − 15
23. 20 − 10
24. 14 − 10

25. 13 − 13
26. 17 − 10
27. 19 − 13
28. 15 − 15
29. 19 − 11
30. 17 − 14

31. 16 − 12
32. 14 − 14
33. 17 − 15
34. 17 − 10
35. 12 − 11
36. 15 − 13

37. 11 − 10
38. 18 − 16
39. 19 − 13
40. 12 − 12
41. 17 − 14
42. 18 − 18

43. 14 − 12
44. 18 − 10
45. 15 − 14
46. 17 − 14
47. 18 − 15
48. 16 − 12

49. 19 − 11
50. 16 − 16
51. 20 − 10
52. 18 − 17
53. 10 − 10
54. 19 − 17

55. 13 − 13
56. 12 − 11
57. 19 − 14
58. 15 − 10
59. 17 − 12
60. 16 − 14

Subtraction to 20

DAY 61
SUBTRACTION TO 20

NAME : _____

SCORE /60

1. 14 − 7
2. 18 − 1
3. 16 − 6
4. 14 − 2
5. 19 − 9
6. 17 − 3
7. 15 − 5
8. 20 − 10
9. 12 − 2
10. 16 − 2
11. 11 − 0
12. 18 − 6
13. 14 − 1
14. 17 − 7
15. 10 − 0
16. 19 − 4
17. 15 − 2
18. 17 − 7
19. 18 − 3
20. 17 − 5
21. 12 − 0
22. 17 − 1
23. 20 − 10
24. 16 − 4
25. 13 − 1
26. 14 − 3
27. 19 − 6
28. 20 − 20
29. 13 − 3
30. 19 − 8
31. 19 − 3
32. 16 − 1
33. 13 − 2
34. 16 − 5
35. 17 − 6
36. 16 − 0
37. 15 − 0
38. 18 − 5
39. 11 − 1
40. 19 − 7
41. 15 − 1
42. 14 − 4
43. 19 − 1
44. 16 − 4
45. 11 − 0
46. 18 − 2
47. 15 − 4
48. 17 − 2
49. 10 − 10
50. 19 − 2
51. 12 − 1
52. 16 − 3
53. 14 − 1
54. 14 − 3
55. 18 − 4
56. 15 − 3
57. 17 − 4
58. 18 − 5
59. 18 − 7
60. 19 − 5

DAY 62
SUBTRACTION TO 20

NAME: _____ SCORE /60

1. 17 − 3
2. 19 − 8
3. 16 − 3
4. 14 − 2
5. 19 − 4
6. 17 − 7
7. 10 − 0
8. 13 − 1
9. 20 − 10
10. 18 − 2
11. 12 − 0
12. 11 − 11
13. 18 − 8
14. 16 − 5
15. 15 − 3
16. 14 − 1
17. 19 − 2
18. 14 − 4
19. 19 − 7
20. 20 − 0
21. 12 − 2
22. 18 − 1
23. 16 − 1
24. 12 − 1
25. 15 − 5
26. 16 − 2
27. 19 − 5
28. 13 − 3
29. 17 − 2
30. 18 − 4
31. 19 − 3
32. 15 − 5
33. 18 − 6
34. 14 − 2
35. 11 − 1
36. 16 − 6
37. 17 − 2
38. 17 − 6
39. 15 − 1
40. 12 − 2
41. 19 − 9
42. 17 − 5
43. 18 − 5
44. 13 − 2
45. 19 − 0
46. 17 − 1
47. 16 − 4
48. 14 − 4
49. 11 − 0
50. 19 − 1
51. 15 − 4
52. 20 − 20
53. 14 − 3
54. 18 − 7
55. 17 − 4
56. 16 − 0
57. 18 − 3
58. 16 − 1
59. 19 − 6
60. 15 − 2

DAY 63
SUBTRACTION TO 20

NAME : _____

SCORE /60

1. 18 − 8
2. 14 − 2
3. 17 − 4
4. 13 − 0
5. 19 − 8
6. 15 − 3
7. 19 − 3
8. 15 − 5
9. 19 − 1
10. 14 − 4
11. 16 − 3
12. 17 − 7
13. 17 − 7
14. 15 − 2
15. 18 − 5
16. 13 − 3
17. 12 − 0
18. 19 − 5
19. 18 − 1
20. 14 − 0
21. 17 − 3
22. 12 − 0
23. 16 − 5
24. 18 − 2
25. 16 − 2
26. 13 − 1
27. 19 − 9
28. 18 − 7
29. 11 − 0
30. 17 − 1
31. 12 − 2
32. 18 − 3
33. 11 − 1
34. 16 − 1
35. 18 − 3
36. 19 − 0
37. 15 − 4
38. 20 − 10
39. 14 − 0
40. 17 − 5
41. 19 − 2
42. 13 − 2
43. 19 − 6
44. 17 − 2
45. 18 − 6
46. 14 − 4
47. 10 − 0
48. 18 − 4
49. 20 − 0
50. 12 − 1
51. 16 − 0
52. 15 − 1
53. 19 − 7
54. 14 − 1
55. 16 − 6
56. 19 − 4
57. 14 − 3
58. 18 − 0
59. 16 − 4
60. 17 − 0

DAY 64
SUBTRACTION TO 20

NAME : _____

SCORE /60

1. 10 - 0
2. 13 - 3
3. 16 - 2
4. 12 - 1
5. 17 - 6
6. 14 - 2

7. 14 - 4
8. 17 - 0
9. 15 - 2
10. 19 - 1
11. 20 - 0
12. 18 - 7

13. 16 - 1
14. 19 - 9
15. 17 - 3
16. 18 - 1
17. 18 - 5
18. 11 - 1

19. 13 - 0
20. 18 - 8
21. 13 - 2
22. 19 - 5
23. 11 - 1
24. 15 - 4

25. 18 - 4
26. 19 - 3
27. 16 - 5
28. 19 - 8
29. 15 - 1
30. 17 - 2

31. 14 - 1
32. 20 - 10
33. 15 - 5
34. 11 - 0
35. 17 - 5
36. 16 - 0

37. 15 - 5
38. 19 - 6
39. 16 - 6
40. 18 - 0
41. 15 - 3
42. 19 - 2

43. 17 - 4
44. 15 - 0
45. 18 - 3
46. 17 - 7
47. 19 - 4
48. 13 - 1

49. 16 - 4
50. 18 - 6
51. 17 - 7
52. 19 - 7
53. 12 - 0
54. 16 - 3

55. 14 - 0
56. 12 - 2
57. 19 - 0
58. 18 - 2
59. 14 - 3
60. 17 - 1

DAY 65
SUBTRACTION TO 20

NAME : _____

SCORE /60

1. 16 − 6
2. 17 − 2
3. 14 − 0
4. 19 − 3
5. 16 − 2
6. 18 − 5

7. 18 − 0
8. 13 − 2
9. 17 − 5
10. 13 − 3
11. 18 − 1
12. 15 − 2

13. 10 − 0
14. 20 − 0
15. 14 − 3
16. 19 − 6
17. 16 − 5
18. 17 − 1

19. 19 − 5
20. 17 − 7
21. 18 − 4
22. 18 − 8
23. 15 − 5
24. 19 − 0

25. 18 − 7
26. 16 − 1
27. 15 − 3
28. 19 − 9
29. 13 − 1
30. 18 − 3

31. 16 − 4
32. 19 − 2
33. 11 − 0
34. 12 − 2
35. 18 − 8
36. 12 − 0

37. 17 − 6
38. 14 − 2
39. 17 − 0
40. 15 − 1
41. 20 − 10
42. 17 − 4

43. 19 − 8
44. 13 − 0
45. 18 − 6
46. 10 − 0
47. 16 − 0
48. 19 − 4

49. 15 − 4
50. 11 − 1
51. 13 − 3
52. 19 − 7
53. 14 − 1
54. 16 − 3

55. 19 − 1
56. 17 − 3
57. 12 − 1
58. 15 − 0
59. 18 − 2
60. 14 − 4

DAY 66
SUBTRACTION TO 20

NAME : _____

SCORE /60

1. 19 − 8
2. 16 − 2
3. 18 − 0
4. 15 − 1
5. 14 − 4
6. 19 − 2

7. 15 − 4
8. 13 − 0
9. 17 − 2
10. 16 − 5
11. 20 − 10
12. 10 − 0

13. 17 − 7
14. 19 − 4
15. 14 − 3
16. 12 − 1
17. 18 − 4
18. 16 − 1

19. 18 − 6
20. 14 − 0
21. 13 − 1
22. 17 − 4
23. 19 − 6
24. 17 − 1

25. 19 − 1
26. 12 − 2
27. 20 − 0
28. 16 − 3
29. 15 − 5
30. 18 − 2

31. 15 − 0
32. 18 − 3
33. 18 − 4
34. 16 − 4
35. 19 − 0
36. 17 − 5

37. 19 − 5
38. 11 − 1
39. 17 − 3
40. 18 − 7
41. 15 − 3
42. 14 − 2

43. 18 − 8
44. 14 − 2
45. 13 − 2
46. 11 − 0
47. 19 − 9
48. 18 − 5

49. 13 − 3
50. 16 − 0
51. 14 − 1
52. 17 − 6
53. 12 − 0
54. 19 − 3

55. 16 − 3
56. 19 − 7
57. 15 − 2
58. 18 − 1
59. 16 − 6
60. 17 − 0

DAY 67
SUBTRACTION TO 20

NAME : _____
SCORE /60

1. 18 − 7
2. 15 − 5
3. 17 − 3
4. 13 − 0
5. 19 − 1
6. 16 − 5

7. 19 − 4
8. 16 − 2
9. 16 − 5
10. 18 − 0
11. 12 − 1
12. 17 − 7

13. 15 − 4
14. 13 − 1
15. 19 − 6
16. 17 − 2
17. 15 − 1
18. 18 − 3

19. 17 − 4
20. 18 − 2
21. 14 − 4
22. 12 − 1
23. 19 − 3
24. 14 − 2

25. 19 − 0
26. 16 − 4
27. 17 − 1
28. 14 − 0
29. 12 − 2
30. 19 − 9

31. 16 − 1
32. 12 − 0
33. 18 − 4
34. 15 − 3
35. 20 − 0
36. 16 − 3

37. 19 − 8
38. 15 − 0
39. 17 − 6
40. 11 − 0
41. 13 − 3
42. 18 − 6

43. 14 − 1
44. 11 − 1
45. 19 − 5
46. 17 − 0
47. 10 − 0
48. 14 − 3

49. 13 − 2
50. 14 − 3
51. 18 − 1
52. 16 − 6
53. 19 − 7
54. 17 − 5

55. 18 − 8
56. 19 − 2
57. 16 − 0
58. 15 − 2
59. 18 − 5
60. 20 − 10

DAY 68
SUBTRACTION TO 20

NAME: _____

SCORE /60

1. 19 − 0
2. 5 − 5
3. 8 − 6
4. 2 − 0
5. 12 − 2
6. 15 − 4

7. 9 − 1
8. 14 − 1
9. 20 − 20
10. 5 − 3
11. 19 − 9
12. 9 − 5

13. 9 − 7
14. 18 − 5
15. 8 − 5
16. 1 − 1
17. 16 − 3
18. 4 − 2

19. 17 − 6
20. 3 − 1
21. 14 − 3
22. 6 − 2
23. 13 − 2
24. 16 − 10

25. 15 − 3
26. 11 − 10
27. 5 − 2
28. 18 − 7
29. 1 − 0
30. 8 − 4

31. 7 − 7
32. 4 − 1
33. 9 − 6
34. 15 − 3
35. 5 − 1
36. 12 − 1

37. 3 − 0
38. 18 − 4
39. 8 − 7
40. 6 − 3
41. 18 − 2
42. 13 − 3

43. 20 − 10
44. 11 − 0
45. 8 − 3
46. 12 − 10
47. 19 − 8
48. 6 − 0

49. 15 − 2
50. 16 − 4
51. 2 − 0
52. 4 − 3
53. 0 − 0
54. 17 − 5

55. 11 − 0
56. 8 − 2
57. 18 − 3
58. 14 − 3
59. 6 − 1
60. 7 − 2

DAY 69
SUBTRACTION TO 20

NAME: _____

SCORE /60

1. 8 − 5
2. 19 − 0
3. 6 − 6
4. 18 − 2
5. 10 − 9
6. 17 − 10

7. 15 − 1
8. 12 − 10
9. 19 − 8
10. 7 − 4
11. 16 − 2
12. 9 − 8

13. 15 − 4
14. 3 − 1
15. 18 − 1
16. 7 − 5
17. 17 − 5
18. 4 − 0

19. 8 − 6
20. 19 − 4
21. 15 − 3
22. 9 − 1
23. 17 − 3
24. 16 − 6

25. 10 − 0
26. 17 − 2
27. 6 − 5
28. 14 − 2
29. 19 − 3
30. 8 − 2

31. 6 − 3
32. 15 − 10
33. 20 − 20
34. 13 − 2
35. 8 − 0
36. 16 − 1

37. 9 − 2
38. 17 − 6
39. 12 − 10
40. 7 − 1
41. 2 − 2
42. 18 − 8

43. 14 − 4
44. 3 − 1
45. 19 − 7
46. 20 − 10
47. 12 − 2
48. 4 − 0

49. 3 − 2
50. 14 − 2
51. 17 − 7
52. 5 − 5
53. 3 − 0
54. 9 − 6

55. 8 − 3
56. 16 − 4
57. 17 − 5
58. 18 − 4
59. 9 − 5
60. 15 − 0

DAY 70
SUBTRACTION TO 20

NAME: _____

SCORE /60

1. 15 − 5
2. 18 − 1
3. 5 − 4
4. 9 − 6
5. 17 − 5
6. 9 − 1
7. 9 − 4
8. 15 − 2
9. 3 − 1
10. 8 − 4
11. 16 − 6
12. 15 − 3
13. 6 − 4
14. 19 − 9
15. 7 − 0
16. 4 − 1
17. 19 − 5
18. 8 − 2
19. 18 − 6
20. 3 − 2
21. 14 − 2
22. 2 − 0
23. 16 − 4
24. 1 − 1
25. 7 − 3
26. 17 − 6
27. 5 − 1
28. 16 − 4
29. 8 − 5
30. 7 − 5
31. 12 − 2
32. 6 − 3
33. 18 − 7
34. 6 − 0
35. 9 − 7
36. 15 − 0
37. 8 − 2
38. 14 − 3
39. 5 − 1
40. 12 − 10
41. 19 − 8
42. 4 − 2
43. 7 − 7
44. 2 − 1
45. 10 − 0
46. 16 − 4
47. 14 − 2
48. 11 − 1
49. 9 − 3
50. 18 − 3
51. 13 − 1
52. 8 − 3
53. 6 − 1
54. 3 − 3
55. 17 − 1
56. 6 − 2
57. 9 − 8
58. 7 − 4
59. 16 − 3
60. 18 − 0

DAY 71
SUBTRACTION TO 20

NAME : _____

SCORE /60

1. 18 − 8
2. 7 − 6
3. 5 − 1
4. 19 − 3
5. 16 − 5
6. 3 − 2

7. 9 − 4
8. 15 − 1
9. 6 − 0
10. 14 − 2
11. 19 − 9
12. 8 − 6

13. 18 − 4
14. 9 − 9
15. 5 − 3
16. 8 − 1
17. 16 − 3
18. 9 − 7

19. 19 − 2
20. 6 − 4
21. 13 − 3
22. 17 − 4
23. 6 − 3
24. 18 − 3

25. 10 − 7
26. 5 − 4
27. 7 − 3
28. 19 − 8
29. 14 − 0
30. 20 − 20

31. 17 − 7
32. 8 − 5
33. 11 − 1
34. 3 − 0
35. 16 − 2
36. 18 − 7

37. 9 − 5
38. 1 − 1
39. 15 − 0
40. 7 − 2
41. 10 − 10
42. 19 − 6

43. 4 − 2
44. 14 − 3
45. 9 − 1
46. 8 − 6
47. 12 − 1
48. 5 − 5

49. 9 − 0
50. 15 − 2
51. 14 − 4
52. 16 − 5
53. 7 − 2
54. 16 − 10

55. 19 − 8
56. 2 − 2
57. 8 − 3
58. 13 − 1
59. 9 − 4
60. 10 − 0

DAY 72
SUBTRACTION TO 20

NAME : _____   :   SCORE /60

1. 18 − 1
2. 8 − 7
3. 15 − 4
4. 19 − 8
5. 6 − 4
6. 9 − 0

7. 12 − 2
8. 6 − 3
9. 14 − 1
10. 7 − 3
11. 18 − 4
12. 6 − 1

13. 8 − 6
14. 19 − 10
15. 14 − 4
16. 2 − 1
17. 13 − 2
18. 9 − 5

19. 17 − 3
20. 3 − 0
21. 16 − 5
22. 9 − 8
23. 17 − 4
24. 1 − 0

25. 17 − 5
26. 18 − 7
27. 7 − 4
28. 18 − 2
29. 16 − 6
30. 14 − 3

31. 11 − 1
32. 8 − 3
33. 2 − 2
34. 15 − 4
35. 9 − 7
36. 5 − 1

37. 19 − 3
38. 9 − 2
39. 10 − 0
40. 4 − 2
41. 11 − 0
42. 7 − 5

43. 15 − 5
44. 3 − 0
45. 18 − 5
46. 20 − 20
47. 9 − 6
48. 13 − 3

49. 9 − 0
50. 16 − 2
51. 8 − 5
52. 19 − 9
53. 9 − 3
54. 4 − 0

55. 12 − 1
56. 7 − 2
57. 16 − 3
58. 6 − 0
59. 18 − 8
60. 17 − 6

DAY 73
SUBTRACTION TO 20

NAME: _____ SCORE /60

1. 10 − 10
2. 8 − 5
3. 17 − 6
4. 5 − 4
5. 19 − 7
6. 6 − 3

7. 9 − 1
8. 13 − 2
9. 4 − 2
10. 16 − 3
11. 14 − 4
12. 17 − 5

13. 13 − 2
14. 8 − 7
15. 9 − 5
16. 18 − 6
17. 13 − 0
18. 2 − 1

19. 19 − 8
20. 6 − 2
21. 3 − 0
22. 19 − 9
23. 8 − 2
24. 17 − 4

25. 5 − 0
26. 18 − 4
27. 12 − 1
28. 10 − 0
29. 7 − 5
30. 5 − 1

31. 16 − 6
32. 5 − 3
33. 17 − 2
34. 8 − 6
35. 19 − 2
36. 11 − 1

37. 8 − 7
38. 3 − 2
39. 14 − 0
40. 15 − 3
41. 6 − 4
42. 17 − 0

43. 9 − 3
44. 18 − 8
45. 16 − 1
46. 8 − 3
47. 18 − 4
48. 9 − 1

49. 7 − 4
50. 2 − 2
51. 14 − 3
52. 9 − 6
53. 15 − 2
54. 19 − 7

55. 6 − 2
56. 19 − 0
57. 16 − 4
58. 1 − 0
59. 16 − 3
60. 8 − 8

DAY 74
SUBTRACTION TO 20

NAME: _____   SCORE /60

1. 7 − 3
2. 15 − 1
3. 2 − 0
4. 18 − 5
5. 9 − 2
6. 17 − 7

7. 14 − 2
8. 8 − 0
9. 13 − 1
10. 9 − 8
11. 16 − 3
12. 1 − 0

13. 5 − 2
14. 17 − 7
15. 3 − 1
16. 14 − 3
17. 7 − 6
18. 18 − 3

19. 16 − 5
20. 9 − 1
21. 17 − 5
22. 6 − 0
23. 13 − 3
24. 20 − 10

25. 4 − 3
26. 11 − 1
27. 18 − 4
28. 5 − 2
29. 10 − 0
30. 16 − 3

31. 18 − 2
32. 9 − 7
33. 14 − 0
34. 12 − 1
35. 2 − 2
36. 16 − 4

37. 5 − 2
38. 16 − 4
39. 9 − 3
40. 10 − 0
41. 7 − 2
42. 19 − 6

43. 16 − 6
44. 8 − 7
45. 9 − 6
46. 0 − 0
47. 14 − 1
48. 3 − 2

49. 12 − 2
50. 6 − 1
51. 10 − 10
52. 9 − 4
53. 17 − 4
54. 15 − 3

55. 9 − 1
56. 18 − 4
57. 7 − 0
58. 5 − 3
59. 18 − 5
60. 4 − 2

DAY 75
SUBTRACTION TO 20

NAME : _____

SCORE /60

1. 5 − 0
2. 12 − 1
3. 7 − 6
4. 13 − 3
5. 3 − 2
6. 19 − 5

7. 10 − 0
8. 7 − 4
9. 4 − 2
10. 15 − 1
11. 9 − 4
12. 18 − 3

13. 17 − 6
14. 0 − 0
15. 14 − 3
16. 7 − 4
17. 16 − 4
18. 17 − 4

19. 8 − 3
20. 19 − 9
21. 13 − 2
22. 18 − 7
23. 5 − 3
24. 14 − 0

25. 15 − 5
26. 4 − 3
27. 5 − 0
28. 17 − 3
29. 6 − 2
30. 2 − 1

31. 11 − 1
32. 20 − 20
33. 14 − 1
34. 8 − 8
35. 11 − 0
36. 13 − 1

37. 5 − 5
38. 17 − 2
39. 1 − 0
40. 13 − 2
41. 6 − 2
42. 18 − 4

43. 19 − 3
44. 9 − 5
45. 20 − 10
46. 18 − 2
47. 8 − 1
48. 15 − 2

49. 9 − 2
50. 14 − 2
51. 6 − 4
52. 10 − 10
53. 4 − 2
54. 9 − 8

55. 2 − 2
56. 14 − 3
57. 12 − 2
58. 8 − 5
59. 16 − 5
60. 9 − 7

DAY 76
SUBTRACTION TO 20

NAME: _____

SCORE /60

1. 18 − 5
2. 3 − 3
3. 8 − 3
4. 14 − 4
5. 17 − 2
6. 7 − 5
7. 9 − 7
8. 10 − 0
9. 5 − 2
10. 6 − 4
11. 14 − 3
12. 2 − 1
13. 8 − 3
14. 16 − 6
15. 17 − 3
16. 9 − 9
17. 16 − 1
18. 9 − 7
19. 15 − 4
20. 1 − 1
21. 16 − 3
22. 12 − 0
23. 19 − 3
24. 5 − 3
25. 7 − 1
26. 16 − 3
27. 6 − 5
28. 18 − 1
29. 8 − 6
30. 17 − 3
31. 19 − 6
32. 7 − 3
33. 17 − 1
34. 4 − 1
35. 18 − 3
36. 20 − 10
37. 5 − 4
38. 15 − 2
39. 11 − 1
40. 14 − 4
41. 7 − 6
42. 6 − 2
43. 13 − 0
44. 9 − 2
45. 6 − 3
46. 13 − 2
47. 2 − 0
48. 16 − 5
49. 8 − 6
50. 19 − 2
51. 8 − 4
52. 19 − 8
53. 15 − 3
54. 7 − 5
55. 17 − 6
56. 3 − 1
57. 20 − 0
58. 14 − 3
59. 5 − 5
60. 18 − 6

DAY 77
SUBTRACTION TO 20

NAME : _____

SCORE /60

1. 17 − 10
2. 11 − 1
3. 4 − 3
4. 15 − 5
5. 9 − 6
6. 13 − 1

7. 6 − 3
8. 17 − 3
9. 19 − 10
10. 12 − 10
11. 1 − 0
12. 18 − 5

13. 15 − 2
14. 3 − 1
15. 16 − 4
16. 5 − 4
17. 16 − 3
18. 7 − 2

19. 19 − 7
20. 20 − 10
21. 8 − 4
22. 14 − 1
23. 10 − 10
24. 12 − 2

25. 5 − 2
26. 18 − 6
27. 7 − 7
28. 6 − 5
29. 17 − 3
30. 3 − 3

31. 9 − 1
32. 18 − 3
33. 0 − 0
34. 16 − 10
35. 19 − 4
36. 16 − 0

37. 13 − 2
38. 7 − 4
39. 17 − 6
40. 8 − 7
41. 14 − 0
42. 8 − 5

43. 2 − 0
44. 16 − 3
45. 9 − 3
46. 14 − 2
47. 5 − 5
48. 5 − 4

49. 19 − 2
50. 12 − 1
51. 6 − 2
52. 18 − 3
53. 15 − 4
54. 18 − 8

55. 18 − 10
56. 4 − 0
57. 8 − 2
58. 17 − 1
59. 1 − 1
60. 11 − 10

DAY 78
SUBTRACTION TO 20

NAME: _____   SCORE /60

1. 20 − 10
2. 9 − 8
3. 17 − 10
4. 4 − 2
5. 16 − 5
6. 8 − 2

7. 3 − 3
8. 13 − 0
9. 6 − 1
10. 18 − 3
11. 5 − 1
12. 19 − 4

13. 18 − 8
14. 7 − 4
15. 8 − 5
16. 12 − 2
17. 7 − 5
18. 12 − 10

19. 7 − 3
20. 16 − 1
21. 19 − 10
22. 2 − 0
23. 19 − 8
24. 9 − 9

25. 14 − 1
26. 10 − 10
27. 18 − 7
28. 5 − 4
29. 17 − 1
30. 3 − 2

31. 19 − 6
32. 1 − 0
33. 4 − 4
34. 15 − 4
35. 14 − 10
36. 18 − 0

37. 13 − 10
38. 5 − 2
39. 14 − 3
40. 9 − 3
41. 13 − 1
42. 6 − 4

43. 15 − 0
44. 9 − 1
45. 2 − 1
46. 19 − 9
47. 7 − 0
48. 14 − 4

49. 5 − 2
50. 17 − 6
51. 20 − 10
52. 8 − 1
53. 16 − 2
54. 15 − 2

55. 19 − 2
56. 7 − 6
57. 15 − 0
58. 6 − 5
59. 18 − 4
60. 9 − 5

DAY 79
SUBTRACTION TO 20

NAME : _____   SCORE /60

1. 1 − 0
2. 18 − 6
3. 14 − 2
4. 5 − 4
5. 16 − 2
6. 7 − 6
7. 17 − 2
8. 14 − 10
9. 6 − 3
10. 19 − 5
11. 1 − 0
12. 17 − 2
13. 16 − 4
14. 4 − 3
15. 16 − 10
16. 9 − 2
17. 15 − 4
18. 20 − 10
19. 8 − 4
20. 13 − 2
21. 7 − 4
22. 19 − 4
23. 3 − 2
24. 0 − 0
25. 6 − 5
26. 19 − 6
27. 1 − 1
28. 18 − 5
29. 9 − 4
30. 14 − 1
31. 9 − 0
32. 5 − 3
33. 20 − 20
34. 12 − 1
35. 3 − 1
36. 17 − 3
37. 17 − 5
38. 8 − 2
39. 15 − 10
40. 7 − 3
41. 16 − 5
42. 9 − 7
43. 2 − 1
44. 19 − 8
45. 7 − 2
46. 16 − 1
47. 4 − 0
48. 19 − 3
49. 10 − 10
50. 13 − 10
51. 6 − 4
52. 18 − 7
53. 14 − 3
54. 17 − 6
55. 15 − 3
56. 4 − 2
57. 11 − 1
58. 8 − 7
59. 2 − 2
60. 18 − 3

DAY 80
SUBTRACTION TO 20

NAME: _____ SCORE /60

1. 11 − 1
2. 8 − 7
3. 20 − 20
4. 3 − 2
5. 9 − 9
6. 19 − 8
7. 4 − 2
8. 1 − 1
9. 6 − 5
10. 11 − 10
11. 8 − 4
12. 7 − 5
13. 19 − 9
14. 8 − 6
15. 15 − 5
16. 9 − 7
17. 16 − 10
18. 3 − 3
19. 17 − 6
20. 1 − 0
21. 5 − 5
22. 11 − 0
23. 4 − 2
24. 18 − 8
25. 8 − 8
26. 17 − 6
27. 14 − 4
28. 7 − 6
29. 13 − 3
30. 20 − 10
31. 4 − 3
32. 17 − 7
33. 5 − 3
34. 0 − 0
35. 12 − 1
36. 2 − 1
37. 2 − 0
38. 12 − 2
39. 6 − 3
40. 16 − 6
41. 5 − 3
42. 7 − 7
43. 4 − 4
44. 15 − 4
45. 13 − 10
46. 6 − 4
47. 18 − 7
48. 15 − 10
49. 9 − 8
50. 18 − 10
51. 6 − 6
52. 13 − 2
53. 14 − 10
54. 3 − 1
55. 10 − 10
56. 5 − 4
57. 12 − 10
58. 14 − 4
59. 16 − 5
60. 2 − 2

Addition & Subtraction

DAY 81
ADDITION & SUBTRACTION

NAME: _____   :   SCORE /60

1. 7 + 8
2. 3 + 5
3. 6 + 0
4. 9 + 3
5. 6 + 7
6. 4 + 2

7. 4 + 7
8. 3 + 1
9. 6 + 3
10. 0 + 5
11. 5 + 8
12. 1 + 8

13. 4 + 6
14. 7 + 2
15. 1 + 6
16. 10 + 0
17. 8 + 3
18. 2 + 0

19. 8 + 5
20. 2 + 2
21. 5 + 3
22. 3 + 9
23. 9 + 7
24. 6 + 9

25. 7 + 4
26. 5 + 6
27. 9 + 4
28. 2 + 8
29. 4 + 8
30. 8 + 0

1. 13 − 1
2. 5 − 4
3. 8 − 2
4. 11 − 1
5. 9 − 4
6. 10 − 0

7. 7 − 3
8. 14 − 3
9. 6 − 3
10. 9 − 8
11. 17 − 4
12. 12 − 10

13. 4 − 4
14. 19 − 1
15. 5 − 3
16. 13 − 2
17. 7 − 5
18. 8 − 7

19. 16 − 3
20. 7 − 4
21. 1 − 0
22. 15 − 2
23. 17 − 5
24. 3 − 1

25. 14 − 2
26. 8 − 4
27. 16 − 1
28. 13 − 3
29. 7 − 6
30. 18 − 5

DAY 82
ADDITION & SUBTRACTION

NAME: _____ SCORE /60

1. 7 + 3
2. 2 + 1
3. 8 + 5
4. 6 + 0
5. 5 + 5
6. 9 + 7

7. 6 + 3
8. 10 + 0
9. 9 + 5
10. 3 + 0
11. 8 + 7
12. 6 + 7

13. 4 + 1
14. 9 + 3
15. 5 + 4
16. 7 + 1
17. 5 + 2
18. 8 + 1

19. 2 + 2
20. 9 + 1
21. 3 + 0
22. 6 + 5
23. 8 + 3
24. 3 + 4

25. 6 + 1
26. 7 + 5
27. 3 + 2
28. 8 + 2
29. 0 + 0
30. 4 + 3

1. 15 − 3
2. 8 − 2
3. 11 − 0
4. 19 − 5
5. 2 − 1
6. 10 − 10

7. 4 − 2
8. 14 − 3
9. 6 − 5
10. 18 − 6
11. 8 − 6
12. 17 − 6

13. 9 − 8
14. 19 − 10
15. 0 − 0
16. 13 − 1
17. 7 − 3
18. 5 − 4

19. 7 − 6
20. 12 − 2
21. 16 − 6
22. 16 − 4
23. 11 − 0
24. 9 − 7

25. 17 − 2
26. 5 − 3
27. 16 − 2
28. 18 − 4
29. 3 − 1
30. 20 − 10

DAY 83
ADDITION & SUBTRACTION

NAME: _____   : ⬚   SCORE /60

1. 5 + 2
2. 7 + 6
3. 4 + 1
4. 10 + 10
5. 6 + 3
6. 9 + 8

7. 3 + 0
8. 9 + 1
9. 8 + 2
10. 9 + 4
11. 1 + 1
12. 7 + 4

13. 6 + 5
14. 7 + 1
15. 3 + 3
16. 6 + 2
17. 8 + 0
18. 9 + 3

19. 8 + 4
20. 5 + 5
21. 9 + 7
22. 5 + 4
23. 3 + 2
24. 8 + 6

25. 4 + 3
26. 7 + 2
27. 1 + 0
28. 6 + 1
29. 7 + 7
30. 5 + 0

---

1. 16 − 2
2. 9 − 1
3. 18 − 6
4. 7 − 2
5. 19 − 7
6. 10 − 10

7. 19 − 1
8. 4 − 2
9. 13 − 1
10. 3 − 0
11. 5 − 4
12. 15 − 3

13. 5 − 1
14. 17 − 3
15. 6 − 2
16. 12 − 1
17. 16 − 6
18. 8 − 3

19. 14 − 3
20. 2 − 1
21. 17 − 10
22. 20 − 20
23. 5 − 3
24. 13 − 3

25. 20 − 0
26. 9 − 5
27. 15 − 1
28. 7 − 4
29. 18 − 2
30. 14 − 10

DAY 84
ADDITION & SUBTRACTION

NAME: _____   : __   SCORE /60

1. 8 + 7
2. 2 + 2
3. 6 + 0
4. 8 + 1
5. 9 + 9
6. 7 + 3

7. 5 + 1
8. 10 + 0
9. 7 + 5
10. 9 + 6
11. 3 + 1
12. 8 + 8

13. 4 + 4
14. 8 + 2
15. 0 + 0
16. 9 + 2
17. 9 + 0
18. 4 + 2

19. 7 + 1
20. 6 + 2
21. 9 + 7
22. 6 + 4
23. 8 + 5
24. 7 + 0

25. 5 + 3
26. 4 + 0
27. 8 + 3
28. 9 + 5
29. 2 + 1
30. 6 + 6

1. 9 − 8
2. 6 − 4
3. 16 − 3
4. 13 − 1
5. 7 − 3
6. 18 − 4

7. 19 − 5
8. 3 − 1
9. 8 − 3
10. 20 − 10
11. 9 − 7
12. 11 − 1

13. 2 − 0
14. 9 − 7
15. 15 − 4
16. 18 − 10
17. 17 − 7
18. 14 − 1

19. 17 − 5
20. 15 − 10
21. 4 − 4
22. 13 − 2
23. 4 − 3
24. 19 − 2

25. 8 − 7
26. 6 − 5
27. 19 − 0
28. 5 − 3
29. 14 − 2
30. 8 − 4

DAY 85
ADDITION & SUBTRACTION

NAME: _____   : __   SCORE /60

1. 4 + 2
2. 8 + 1
3. 5 + 3
4. 8 + 7
5. 3 + 1
6. 5 + 2

7. 9 + 8
8. 6 + 5
9. 0 + 0
10. 4 + 3
11. 9 + 5
12. 7 + 2

13. 5 + 1
14. 7 + 4
15. 9 + 1
16. 6 + 2
17. 8 + 0
18. 4 + 4

19. 2 + 0
20. 8 + 5
21. 6 + 1
22. 10 + 0
23. 8 + 3
24. 3 + 0

25. 9 + 7
26. 3 + 3
27. 5 + 0
28. 9 + 3
29. 2 + 1
30. 7 + 6

1. 4 − 0
2. 19 − 7
3. 7 − 1
4. 15 − 2
5. 4 − 4
6. 17 − 3

7. 16 − 1
8. 8 − 6
9. 14 − 10
10. 18 − 4
11. 3 − 2
12. 5 − 4

13. 7 − 5
14. 20 − 10
15. 5 − 2
16. 9 − 4
17. 6 − 3
18. 12 − 1

19. 6 − 2
20. 15 − 4
21. 16 − 3
22. 14 − 2
23. 19 − 8
24. 4 − 2

25. 18 − 3
26. 9 − 0
27. 17 − 10
28. 14 − 3
29. 6 − 5
30. 15 − 5

DAY 86
ADDITION & SUBTRACTION

NAME: _____   :   SCORE /60

1. 5 + 5
2. 8 + 2
3. 4 + 1
4. 7 + 7
5. 9 + 8
6. 6 + 4
7. 7 + 3
8. 10 + 10
9. 9 + 3
10. 8 + 6
11. 1 + 0
12. 9 + 2
13. 5 + 2
14. 9 + 4
15. 1 + 1
16. 6 + 2
17. 8 + 1
18. 5 + 4
19. 7 + 0
20. 6 + 3
21. 7 + 2
22. 9 + 6
23. 3 + 2
24. 7 + 5
25. 2 + 2
26. 8 + 8
27. 4 + 3
28. 7 + 1
29. 8 + 4
30. 5 + 0

1. 18 − 6
2. 6 − 4
3. 9 − 2
4. 3 − 1
5. 16 − 4
6. 13 − 2
7. 9 − 4
8. 14 − 2
9. 7 − 4
10. 10 − 10
11. 12 − 2
12. 8 − 3
13. 17 − 6
14. 5 − 1
15. 13 − 1
16. 2 − 1
17. 15 − 4
18. 11 − 10
19. 4 − 3
20. 16 − 10
21. 19 − 4
22. 6 − 6
23. 9 − 7
24. 5 − 5
25. 7 − 3
26. 17 − 2
27. 1 − 1
28. 13 − 2
29. 8 − 7
30. 19 − 0

DAY 87
ADDITION & SUBTRACTION

NAME: _____   : SCORE /60

1. 8 + 5
2. 6 + 1
3. 9 + 3
4. 5 + 1
5. 4 + 2
6. 7 + 3

7. 5 + 4
8. 10 + 0
9. 3 + 1
10. 2 + 2
11. 9 + 7
12. 5 + 5

13. 7 + 1
14. 8 + 6
15. 8 + 7
16. 0 + 0
17. 6 + 5
18. 8 + 1

19. 9 + 5
20. 4 + 1
21. 6 + 3
22. 2 + 2
23. 9 + 9
24. 3 + 2

25. 5 + 3
26. 7 + 5
27. 9 + 1
28. 8 + 3
29. 4 + 4
30. 7 + 7

1. 18 − 4
2. 8 − 1
3. 15 − 2
4. 9 − 8
5. 6 − 3
6. 19 − 2

7. 17 − 3
8. 5 − 5
9. 20 − 20
10. 7 − 1
11. 13 − 3
12. 4 − 0

13. 8 − 8
14. 16 − 4
15. 6 − 1
16. 3 − 2
17. 17 − 7
18. 11 − 1

19. 19 − 6
20. 7 − 6
21. 16 − 10
22. 15 − 3
23. 17 − 10
24. 19 − 1

25. 10 − 0
26. 9 − 3
27. 18 − 5
28. 5 − 3
29. 8 − 4
30. 19 − 10

DAY 88
ADDITION & SUBTRACTION

NAME: _____   SCORE /60

1. 8 + 2
2. 7 + 6
3. 9 + 8
4. 4 + 0
5. 6 + 2
6. 8 + 4

7. 9 + 0
8. 5 + 2
9. 8 + 5
10. 8 + 8
11. 6 + 3
12. 9 + 2

13. 7 + 2
14. 6 + 4
15. 9 + 4
16. 3 + 4
17. 6 + 6
18. 7 + 4

19. 8 + 7
20. 4 + 3
21. 2 + 2
22. 8 + 6
23. 5 + 4
24. 3 + 0

25. 5 + 4
26. 9 + 6
27. 4 + 4
28. 8 + 0
29. 3 + 1
30. 10 + 10

---

1. 9 − 7
2. 10 − 10
3. 18 − 3
4. 5 − 2
5. 8 − 3
6. 19 − 3

7. 19 − 8
8. 6 − 2
9. 13 − 10
10. 1 − 0
11. 16 − 3
12. 4 − 2

13. 4 − 1
14. 8 − 7
15. 20 − 0
16. 14 − 10
17. 7 − 4
18. 15 − 4

19. 12 − 1
20. 5 − 4
21. 9 − 4
22. 17 − 6
23. 15 − 10
24. 11 − 0

25. 6 − 4
26. 16 − 6
27. 7 − 2
28. 2 − 1
29. 18 − 7
30. 8 − 2

DAY 89
ADDITION & SUBTRACTION

NAME: _____   :   SCORE /60

1. 7 + 3
2. 5 + 1
3. 8 + 4
4. 5 + 9
5. 9 + 2
6. 6 + 3

7. 8 + 5
8. 10 + 10
9. 6 + 1
10. 4 + 3
11. 7 + 7
12. 0 + 8

13. 3 + 4
14. 9 + 8
15. 4 + 9
16. 2 + 5
17. 10 + 2
18. 4 + 4

19. 5 + 4
20. 3 + 0
21. 9 + 4
22. 6 + 5
23. 1 + 6
24. 8 + 7

25. 9 + 9
26. 7 + 6
27. 2 + 8
28. 10 + 9
29. 5 + 3
30. 3 + 2

1. 14 − 2
2. 9 − 4
3. 17 − 5
4. 8 − 5
5. 14 − 10
6. 18 − 3

7. 19 − 7
8. 13 − 1
9. 5 − 2
10. 20 − 10
11. 9 − 5
12. 7 − 3

13. 17 − 7
14. 8 − 1
15. 17 − 10
16. 16 − 1
17. 6 − 5
18. 19 − 5

19. 18 − 1
20. 4 − 0
21. 17 − 2
22. 6 − 4
23. 14 − 3
24. 15 − 10

25. 6 − 2
26. 19 − 3
27. 7 − 6
28. 9 − 8
29. 18 − 3
30. 16 − 5

DAY 90
ADDITION & SUBTRACTION

NAME: _____   : :   SCORE /60

1. 7 + 1
2. 4 + 2
3. 9 + 5
4. 3 + 1
5. 8 + 6
6. 5 + 5

7. 6 + 1
8. 6 + 7
9. 2 + 8
10. 5 + 9
11. 10 + 5
12. 3 + 7

13. 3 + 5
14. 10 + 1
15. 1 + 7
16. 0 + 3
17. 7 + 4
18. 6 + 9

19. 8 + 3
20. 0 + 9
21. 5 + 4
22. 3 + 3
23. 4 + 1
24. 9 + 7

25. 7 + 0
26. 9 + 1
27. 6 + 8
28. 10 + 6
29. 8 + 2
30. 5 + 2

1. 7 − 3
2. 19 − 8
3. 2 − 1
4. 14 − 4
5. 18 − 7
6. 16 − 10

7. 12 − 10
8. 9 − 2
9. 15 − 2
10. 6 − 5
11. 19 − 4
12. 6 − 0

13. 6 − 3
14. 20 − 0
15. 8 − 7
16. 19 − 10
17. 16 − 4
18. 15 − 10

19. 14 − 1
20. 9 − 7
21. 2 − 2
22. 18 − 6
23. 4 − 3
24. 9 − 3

25. 16 − 3
26. 8 − 4
27. 19 − 2
28. 5 − 1
29. 13 − 2
30. 18 − 0

DAY 91
ADDITION & SUBTRACTION

NAME: _____ SCORE /60

Addition

1. 1 + 9
2. 10 + 10
3. 4 + 8
4. 5 + 2
5. 3 + 6
6. 8 + 9

7. 2 + 1
8. 6 + 8
9. 2 + 7
10. 1 + 8
11. 7 + 4
12. 1 + 5

13. 3 + 7
14. 5 + 6
15. 9 + 1
16. 4 + 2
17. 3 + 6
18. 6 + 9

19. 0 + 9
20. 7 + 6
21. 8 + 2
22. 1 + 6
23. 4 + 5
24. 8 + 5

25. 2 + 3
26. 6 + 3
27. 3 + 4
28. 5 + 8
29. 7 + 8
30. 2 + 9

Subtraction

1. 19 − 0
2. 5 − 4
3. 7 − 6
4. 18 − 7
5. 9 − 5
6. 15 − 10

7. 4 − 3
8. 12 − 10
9. 2 − 2
10. 3 − 2
11. 17 − 3
12. 6 − 3

13. 17 − 5
14. 9 − 0
15. 18 − 1
16. 7 − 4
17. 19 − 3
18. 8 − 2

19. 19 − 6
20. 5 − 2
21. 8 − 3
22. 7 − 1
23. 4 − 1
24. 14 − 1

25. 15 − 4
26. 6 − 6
27. 18 − 5
28. 9 − 7
29. 17 − 10
30. 7 − 4

DAY 92
ADDITION & SUBTRACTION

NAME: _____   ___:___   SCORE /60

1. 5 + 7
2. 2 + 4
3. 7 + 3
4. 6 + 7
5. 1 + 2
6. 4 + 1

7. 6 + 9
8. 4 + 7
9. 8 + 9
10. 3 + 8
11. 3 + 9
12. 3 + 4

13. 1 + 1
14. 0 + 7
15. 4 + 9
16. 1 + 2
17. 6 + 7
18. 5 + 7

19. 6 + 0
20. 3 + 5
21. 4 + 5
22. 10 + 0
23. 2 + 6
24. 7 + 1

25. 2 + 8
26. 4 + 6
27. 7 + 9
28. 1 + 7
29. 5 + 4
30. 3 + 9

---

1. 16 − 3
2. 6 − 0
3. 19 − 5
4. 4 − 2
5. 14 − 10
6. 9 − 8

7. 19 − 8
8. 8 − 6
9. 3 − 1
10. 18 − 6
11. 7 − 4
12. 17 − 1

13. 6 − 1
14. 5 − 5
15. 11 − 10
16. 8 − 3
17. 19 − 9
18. 6 − 4

19. 18 − 6
20. 7 − 2
21. 4 − 1
22. 16 − 4
23. 2 − 0
24. 15 − 3

25. 17 − 3
26. 9 − 3
27. 18 − 5
28. 5 − 2
29. 19 − 10
30. 7 − 7

DAY 93
ADDITION & SUBTRACTION

NAME: _____   SCORE /60

1. 4 + 4
2. 9 + 1
3. 6 + 3
4. 2 + 3
5. 7 + 4
6. 5 + 7

7. 3 + 6
8. 7 + 4
9. 9 + 0
10. 3 + 8
11. 10 + 9
12. 2 + 1

13. 2 + 9
14. 10 + 0
15. 1 + 7
16. 5 + 4
17. 0 + 6
18. 4 + 7

19. 7 + 3
20. 6 + 7
21. 8 + 4
22. 3 + 6
23. 6 + 5
24. 1 + 3

25. 9 + 2
26. 5 + 7
27. 2 + 6
28. 10 + 5
29. 8 + 10
30. 8 + 0

---

1. 19 − 10
2. 7 − 5
3. 17 − 4
4. 8 − 6
5. 18 − 0
6. 10 − 10

7. 15 − 2
8. 5 − 2
9. 20 − 0
10. 6 − 1
11. 4 − 3
12. 16 − 5

13. 9 − 8
14. 19 − 4
15. 1 − 1
16. 18 − 7
17. 13 − 10
18. 14 − 3

19. 8 − 1
20. 16 − 2
21. 2 − 0
22. 5 − 4
23. 20 − 10
24. 7 − 3

25. 18 − 3
26. 6 − 3
27. 19 − 8
28. 4 − 4
29. 17 − 5
30. 9 − 2

DAY 94
ADDITION & SUBTRACTION

NAME: _____

SCORE /60

Addition

1. 2 + 6
2. 9 + 4
3. 6 + 8
4. 4 + 8
5. 10 + 5
6. 1 + 9

7. 7 + 9
8. 7 + 7
9. 4 + 6
10. 2 + 5
11. 5 + 8
12. 1 + 10

13. 3 + 4
14. 10 + 4
15. 1 + 8
16. 7 + 4
17. 2 + 9
18. 6 + 2

19. 5 + 6
20. 8 + 3
21. 7 + 10
22. 0 + 8
23. 4 + 3
24. 3 + 5

25. 9 + 7
26. 2 + 0
27. 1 + 1
28. 10 + 7
29. 4 + 2
30. 8 + 7

Subtraction

1. 16 − 1
2. 8 − 4
3. 18 − 2
4. 9 − 7
5. 5 − 1
6. 19 − 2

7. 6 − 2
8. 20 − 20
9. 2 − 1
10. 17 − 3
11. 7 − 4
12. 15 − 0

13. 3 − 3
14. 14 − 2
15. 7 − 6
16. 19 − 1
17. 4 − 2
18. 18 − 10

19. 17 − 6
20. 4 − 1
21. 18 − 5
22. 6 − 6
23. 20 − 0
24. 13 − 3

25. 5 − 4
26. 19 − 8
27. 9 − 3
28. 16 − 3
29. 8 − 5
30. 15 − 4

DAY 95
ADDITION & SUBTRACTION

NAME: _____   : __   SCORE /60

1. 7 + 1
2. 3 + 9
3. 6 + 4
4. 8 + 10
5. 4 + 5
6. 10 + 6

7. 4 + 3
8. 10 + 9
9. 0 + 4
10. 5 + 8
11. 2 + 10
12. 6 + 8

13. 2 + 6
14. 8 + 3
15. 10 + 10
16. 4 + 7
17. 9 + 8
18. 1 + 3

19. 9 + 2
20. 1 + 0
21. 5 + 6
22. 8 + 7
23. 3 + 1
24. 7 + 6

25. 6 + 0
26. 2 + 4
27. 9 + 4
28. 7 + 3
29. 10 + 1
30. 5 + 3

---

1. 19 − 9
2. 7 − 1
3. 17 − 5
4. 6 − 2
5. 13 − 10
6. 4 − 3

7. 11 − 1
8. 14 − 2
9. 5 − 4
10. 20 − 20
11. 3 − 1
12. 16 − 5

13. 3 − 0
14. 19 − 1
15. 8 − 5
16. 17 − 3
17. 9 − 6
18. 18 − 5

19. 16 − 2
20. 1 − 1
21. 15 − 2
22. 5 − 5
23. 12 − 0
24. 6 − 5

25. 9 − 4
26. 20 − 0
27. 7 − 5
28. 18 − 3
29. 19 − 7
30. 8 − 1

DAY 96
ADDITION & SUBTRACTION

NAME: _____

SCORE /60

1. 3 + 6
2. 9 + 8
3. 1 + 8
4. 5 + 9
5. 10 + 7
6. 4 + 8

7. 6 + 1
8. 0 + 9
9. 5 + 2
10. 8 + 4
11. 1 + 3
12. 6 + 3

13. 7 + 5
14. 10 + 9
15. 9 + 4
16. 4 + 6
17. 9 + 10
18. 2 + 5

19. 9 + 5
20. 4 + 1
21. 6 + 7
22. 7 + 2
23. 6 + 2
24. 5 + 5

25. 8 + 9
26. 7 + 10
27. 2 + 9
28. 10 + 4
29. 3 + 2
30. 8 + 0

---

1. 12 − 2
2. 6 − 3
3. 18 − 8
4. 9 − 8
5. 5 − 2
6. 16 − 4

7. 19 − 2
8. 3 − 2
9. 13 − 1
10. 7 − 7
11. 19 − 8
12. 6 − 1

13. 14 − 3
14. 8 − 2
15. 17 − 6
16. 2 − 1
17. 11 − 1
18. 3 − 0

19. 9 − 3
20. 20 − 10
21. 5 − 4
22. 15 − 3
23. 4 − 1
24. 17 − 1

25. 18 − 2
26. 4 − 4
27. 16 − 5
28. 8 − 6
29. 19 − 10
30. 7 − 3

DAY 97
ADDITION & SUBTRACTION

NAME: _____   SCORE /60

1. 8 + 4
2. 3 + 4
3. 7 + 3
4. 1 + 10
5. 5 + 8
6. 4 + 6

7. 2 + 2
8. 10 + 7
9. 0 + 1
10. 3 + 2
11. 7 + 9
12. 9 + 1

13. 4 + 1
14. 6 + 2
15. 9 + 8
16. 1 + 7
17. 9 + 10
18. 4 + 6

19. 10 + 2
20. 1 + 0
21. 2 + 9
22. 3 + 8
23. 0 + 5
24. 7 + 6

25. 5 + 0
26. 6 + 10
27. 8 + 8
28. 2 + 9
29. 10 + 4
30. 6 + 8

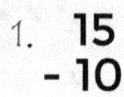

1. 15 − 10
2. 1 − 0
3. 16 − 5
4. 6 − 1
5. 18 − 8
6. 9 − 2

7. 6 − 2
8. 12 − 1
9. 19 − 7
10. 3 − 3
11. 2 − 1
12. 17 − 4

13. 18 − 3
14. 8 − 8
15. 7 − 1
16. 20 − 10
17. 5 − 5
18. 4 − 1

19. 17 − 0
20. 3 − 2
21. 16 − 3
22. 9 − 1
23. 14 − 3
24. 17 − 10

25. 3 − 1
26. 19 − 10
27. 6 − 5
28. 15 − 2
29. 19 − 1
30. 6 − 1

DAY 98
ADDITION & SUBTRACTION

NAME: _____   :   SCORE /60

1. 4 + 4
2. 8 + 10
3. 5 + 4
4. 1 + 1
5. 10 + 9
6. 3 + 6

7. 9 + 3
8. 2 + 6
9. 6 + 5
10. 8 + 2
11. 4 + 9
12. 0 + 10

13. 3 + 5
14. 10 + 1
15. 4 + 7
16. 0 + 9
17. 2 + 10
18. 7 + 9

19. 7 + 2
20. 5 + 7
21. 2 + 7
22. 1 + 8
23. 3 + 0
24. 9 + 7

25. 4 + 10
26. 8 + 9
27. 3 + 8
28. 10 + 3
29. 1 + 10
30. 4 + 7

---

1. 10 − 10
2. 8 − 7
3. 12 − 1
4. 5 − 3
5. 3 − 0
6. 17 − 2

7. 2 − 1
8. 9 − 5
9. 4 − 2
10. 20 − 20
11. 6 − 5
12. 7 − 3

13. 7 − 5
14. 18 − 10
15. 8 − 3
16. 7 − 6
17. 13 − 2
18. 19 − 4

19. 4 − 4
20. 11 − 1
21. 3 − 2
22. 14 − 2
23. 9 − 8
24. 16 − 3

25. 19 − 6
26. 4 − 3
27. 17 − 7
28. 8 − 5
29. 16 − 10
30. 9 − 3

DAY 99
ADDITION & SUBTRACTION

NAME: _____   SCORE /60

Addition

1. 1 + 2
2. 4 + 5
3. 6 + 7
4. 5 + 9
5. 2 + 8
6. 9 + 7
7. 9 + 4
8. 3 + 6
9. 0 + 1
10. 10 + 1
11. 8 + 10
12. 6 + 1
13. 7 + 8
14. 2 + 6
15. 10 + 2
16. 8 + 9
17. 1 + 7
18. 4 + 2
19. 0 + 8
20. 5 + 4
21. 3 + 8
22. 10 + 6
23. 5 + 6
24. 3 + 1
25. 7 + 0
26. 1 + 4
27. 6 + 5
28. 2 + 3
29. 0 + 3
30. 4 + 6

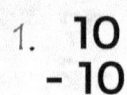

Subtraction

1. 10 − 10
2. 18 − 6
3. 7 − 0
4. 9 − 8
5. 19 − 4
6. 4 − 2
7. 2 − 1
8. 6 − 3
9. 15 − 4
10. 9 − 5
11. 12 − 10
12. 17 − 5
13. 9 − 3
14. 20 − 10
15. 6 − 2
16. 8 − 7
17. 19 − 3
18. 5 − 1
19. 13 − 1
20. 9 − 9
21. 7 − 4
22. 13 − 0
23. 8 − 4
24. 18 − 1
25. 4 − 2
26. 19 − 8
27. 9 − 2
28. 18 − 7
29. 6 − 4
30. 20 − 0

DAY 100
ADDITION & SUBTRACTION

NAME: _____   : _____   SCORE /60

1. 7 + 0
2. 1 + 8
3. 9 + 3
4. 4 + 8
5. 0 + 2
6. 3 + 7

7. 3 + 9
8. 6 + 8
9. 2 + 1
10. 8 + 4
11. 5 + 7
12. 6 + 2

13. 8 + 8
14. 0 + 9
15. 10 + 8
16. 7 + 6
17. 1 + 2
18. 4 + 9

19. 5 + 3
20. 9 + 7
21. 2 + 8
22. 10 + 1
23. 3 + 4
24. 6 + 6

25. 1 + 5
26. 4 + 6
27. 7 + 2
28. 0 + 4
29. 5 + 1
30. 2 + 7

---

1. 12 − 10
2. 7 − 6
3. 20 − 0
4. 5 − 4
5. 8 − 5
6. 14 − 4

7. 13 − 3
8. 9 − 8
9. 7 − 4
10. 16 − 6
11. 6 − 2
12. 13 − 10

13. 16 − 10
14. 7 − 5
15. 12 − 2
16. 2 − 1
17. 19 − 9
18. 4 − 0

19. 8 − 4
20. 18 − 8
21. 9 − 3
22. 14 − 10
23. 8 − 6
24. 3 − 1

25. 11 − 1
26. 17 − 10
27. 4 − 2
28. 15 − 5
29. 9 − 5
30. 10 − 0

DAY 101
ADDITION & SUBTRACTION

NAME: _____   SCORE /60

Addition

1. 7 + 0
2. 1 + 8
3. 9 + 3
4. 4 + 8
5. 0 + 2
6. 3 + 7
7. 3 + 9
8. 6 + 8
9. 2 + 1
10. 8 + 4
11. 5 + 7
12. 6 + 2
13. 8 + 8
14. 0 + 9
15. 10 + 8
16. 7 + 6
17. 1 + 2
18. 4 + 9
19. 5 + 3
20. 9 + 7
21. 2 + 8
22. 10 + 1
23. 3 + 4
24. 6 + 6
25. 1 + 5
26. 4 + 6
27. 7 + 2
28. 0 + 4
29. 5 + 1
30. 2 + 7

Subtraction

1. 12 − 10
2. 7 − 6
3. 20 − 0
4. 5 − 4
5. 8 − 5
6. 14 − 4
7. 13 − 3
8. 9 − 8
9. 7 − 4
10. 16 − 6
11. 6 − 2
12. 13 − 10
13. 16 − 10
14. 7 − 5
15. 12 − 2
16. 2 − 1
17. 19 − 9
18. 4 − 0
19. 8 − 4
20. 18 − 8
21. 9 − 3
22. 14 − 10
23. 8 − 6
24. 3 − 1
25. 11 − 1
26. 17 − 10
27. 4 − 2
28. 15 − 5
29. 9 − 5
30. 10 − 0

ANSWERS

1. 0 + 0 = 0
2. 0 + 1 = 1
3. 0 + 2 = 2
4. 0 + 3 = 3
5. 0 + 4 = 4
6. 0 + 5 = 5
7. 1 + 0 = 1
8. 1 + 1 = 2
9. 1 + 2 = 3
10. 1 + 3 = 4
11. 1 + 4 = 5
12. 1 + 5 = 6
13. 2 + 0 = 2
14. 2 + 1 = 3
15. 2 + 2 = 4
16. 2 + 3 = 5
17. 2 + 4 = 6
18. 2 + 5 = 7
19. 3 + 0 = 3
20. 3 + 1 = 4
21. 3 + 2 = 5
22. 3 + 3 = 6
23. 3 + 4 = 7
24. 3 + 5 = 8
25. 4 + 0 = 4
26. 4 + 1 = 5
27. 4 + 2 = 6
28. 4 + 3 = 7
29. 4 + 4 = 8
30. 4 + 5 = 9
31. 5 + 0 = 5
32. 5 + 1 = 6
33. 5 + 2 = 7
34. 5 + 3 = 8
35. 5 + 4 = 9
36. 5 + 5 = 10
37. 6 + 0 = 6
38. 6 + 1 = 7
39. 6 + 2 = 8
40. 6 + 3 = 9
41. 6 + 4 = 10
42. 6 + 5 = 11
43. 7 + 0 = 0
44. 7 + 1 = 8
45. 7 + 2 = 9
46. 7 + 3 = 10
47. 7 + 4 = 11
48. 7 + 5 = 12
49. 8 + 0 = 8
50. 8 + 1 = 9
51. 8 + 1 = 10
52. 8 + 3 = 11
53. 8 + 4 = 12
54. 8 + 5 = 13
55. 9 + 0 = 9
56. 9 + 1 = 10
57. 9 + 2 = 11
58. 9 + 3 = 12
59. 9 + 4 = 13
60. 9 + 5 = 14

1. 0 + 6 = 6
2. 0 + 7 = 7
3. 0 + 8 = 8
4. 0 + 9 = 9
5. 0 + 10 = 10
6. 10 + 1 = 11
7. 1 + 6 = 7
8. 1 + 7 = 8
9. 1 + 8 = 9
10. 1 + 9 = 10
11. 1 + 10 = 11
12. 10 + 2 = 12
13. 2 + 6 = 8
14. 2 + 7 = 9
15. 2 + 8 = 10
16. 2 + 9 = 11
17. 2 + 10 = 12
18. 10 + 3 = 13
19. 3 + 6 = 9
20. 3 + 7 = 10
21. 3 + 8 = 11
22. 3 + 9 = 12
23. 3 + 10 = 13
24. 10 + 4 = 14
25. 4 + 6 = 10
26. 4 + 7 = 11
27. 4 + 8 = 12
28. 4 + 9 = 13
29. 4 + 10 = 14
30. 10 + 5 = 15
31. 5 + 6 = 11
32. 5 + 7 = 12
33. 5 + 8 = 13
34. 5 + 9 = 14
35. 5 + 10 = 15
36. 10 + 6 = 16
37. 6 + 6 = 12
38. 6 + 7 = 13
39. 6 + 8 = 14
40. 6 + 9 = 15
41. 6 + 10 = 16
42. 10 + 7 = 17
43. 7 + 6 = 13
44. 7 + 7 = 14
45. 7 + 8 = 15
46. 7 + 9 = 16
47. 7 + 10 = 17
48. 10 + 8 = 18
49. 8 + 6 = 14
50. 8 + 7 = 15
51. 8 + 8 = 16
52. 8 + 9 = 17
53. 8 + 10 = 18
54. 10 + 9 = 19
55. 9 + 6 = 15
56. 9 + 7 = 16
57. 9 + 8 = 17
58. 9 + 9 = 18
59. 9 + 10 = 19
60. 10 + 10 = 20

1. 0
   -0

   0

7. 1   8. 1
   -0   -1
   ---   ---
   1   0

13. 2   14. 2   15. 2
    -0   -1   -2
    ---   ---   ---
    2   1   0

19. 3   20. 3   21. 3   22. 3
    -0   -1   -2   -3
    ---   ---   ---   ---
    3   2   1   0

25. 4   26. 4   27. 4   28. 4   29. 4
    -0   -1   -2   -3   -4
    ---   ---   ---   ---   ---
    4   3   2   1   0

31. 5   32. 5   33. 5   34. 5   35. 5   36. 5
    -0   -1   -2   -3   -4   -5
    ---   ---   ---   ---   ---   ---
    5   4   3   2   1   0

37. 6   38. 6   39. 6   40. 6   41. 6   42. 6
    -0   -1   -2   -3   -4   -5
    ---   ---   ---   ---   ---   ---
    6   5   4   3   2   1

43. 7   44. 7   45. 7   46. 7   47. 7   48. 7
    -0   -1   -2   -3   -4   -5
    ---   ---   ---   ---   ---   ---
    7   6   5   4   3   2

49. 8   50. 8   51. 8   52. 8   53. 8   54. 8
    -0   -1   -2   -3   -4   -5
    ---   ---   ---   ---   ---   ---
    8   7   6   5   4   3

55. 9   56. 9   57. 9   58. 9   59. 9   60. 9
    -0   -1   -2   -3   -4   -5
    ---   ---   ---   ---   ---   ---
    9   8   7   6   5   4

37. $\begin{array}{r} 6 \\ -6 \\ \hline 0 \end{array}$

43. $\begin{array}{r} 7 \\ -6 \\ \hline 1 \end{array}$ 44. $\begin{array}{r} 7 \\ -7 \\ \hline 0 \end{array}$

49. $\begin{array}{r} 8 \\ -6 \\ \hline 2 \end{array}$ 50. $\begin{array}{r} 8 \\ -7 \\ \hline 1 \end{array}$ 51. $\begin{array}{r} 8 \\ -8 \\ \hline 0 \end{array}$

55. $\begin{array}{r} 9 \\ -6 \\ \hline 3 \end{array}$ 56. $\begin{array}{r} 9 \\ -7 \\ \hline 2 \end{array}$ 57. $\begin{array}{r} 9 \\ -8 \\ \hline 1 \end{array}$ 58. $\begin{array}{r} 9 \\ -9 \\ \hline 0 \end{array}$

1. 10
   - 0

   10

7. 11
   - 0

   11

8. 11
   - 1

   10

13. 12
    - 0

    12

14. 12
    - 1

    11

15. 12
    - 2

    10

19. 13
    - 0

    13

20. 13
    - 1

    12

21. 13
    - 2

    11

22. 13
    - 3

    10

25. 14
    - 0

    14

26. 14
    - 1

    13

27. 14
    - 2

    12

28. 14
    - 3

    11

29. 14
    - 4

    10

31. 15
    - 0

    15

32. 15
    - 1

    14

33. 15
    - 2

    13

34. 15
    - 3

    12

35. 15
    - 4

    11

36. 15
    - 5

    10

37. 16
    - 0

    16

38. 16
    - 1

    15

39. 16
    - 2

    14

40. 16
    - 3

    13

41. 16
    - 4

    12

42. 16
    - 5

    11

43. 17
    - 0

    17

44. 17
    - 1

    16

45. 17
    - 2

    15

46. 17
    - 3

    14

47. 17
    - 4

    13

48. 17
    - 5

    12

49. 18
    - 0

    18

50. 18
    - 1

    17

51. 18
    - 1

    16

52. 18
    - 3

    15

53. 18
    - 4

    14

54. 18
    - 5

    13

55. 19
    - 0

    19

56. 19
    - 1

    18

57. 19
    - 2

    17

58. 19
    - 3

    16

59. 19
    - 4

    15

60. 19
    - 5

    14

37. 16
    - 6

     10

43. 17   44. 17
    - 6   - 7
    ----   ----
     11   10

49. 18   50. 18   51. 18
    - 6   - 7   - 8
    ----   ----   ----
     12   11   10

55. 19   56. 19   57. 19   58. 19
    - 6   - 7   - 8   - 9
    ----   ----   ----   ----
     13   12   11   10

1. 10 − 10 = 0

7. 11 − 10 = 1
8. 11 − 11 = 0

13. 12 − 10 = 2
14. 12 − 11 = 1
15. 12 − 12 = 0

19. 13 − 10 = 3
20. 13 − 11 = 2
21. 13 − 12 = 1
22. 13 − 13 = 0

25. 14 − 10 = 4
26. 14 − 11 = 3
27. 14 − 12 = 2
28. 14 − 13 = 1
29. 14 − 14 = 0

31. 15 − 10 = 5
32. 15 − 11 = 4
33. 15 − 12 = 3
34. 15 − 13 = 2
35. 15 − 14 = 1
36. 15 − 15 = 0

37. 16 − 10 = 6
38. 16 − 11 = 5
39. 16 − 12 = 4
40. 16 − 13 = 3
41. 16 − 14 = 2
42. 16 − 15 = 1

43. 17 − 10 = 7
44. 17 − 11 = 6
45. 17 − 12 = 5
46. 17 − 13 = 4
47. 17 − 14 = 3
48. 17 − 15 = 2

49. 18 − 10 = 8
50. 18 − 11 = 7
51. 18 − 11 = 6
52. 18 − 13 = 5
53. 18 − 14 = 4
54. 18 − 15 = 3

55. 19 − 10 = 9
56. 19 − 11 = 8
57. 19 − 12 = 7
58. 19 − 13 = 6
59. 19 − 14 = 5
60. 19 − 15 = 4

37. 16
    -16
    ───
     0

43. 17   44. 17
    -16   -17
    ───   ───
     1   0

49. 18   50. 18   51. 18
    -16   -17   -18
    ───   ───   ───
     2   1   0

55. 19   56. 19   57. 19   58. 19
    -16   -17   -18   -19
    ───   ───   ───   ───
     3   2   1   0

www.ingramcontent.com/pod-product-compliance
Lightning Source LLC
Chambersburg PA
CBHW060421220526
45465CB00008B/2973